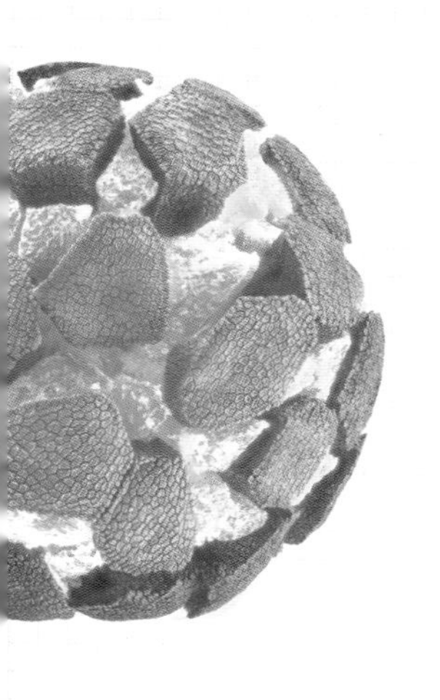

探秘种子：

显微镜下的奇妙世界

王健生　李根有　等 主编

化学工业出版社
·北京·

内容简介

本书在概述微拍小型种子的意义、种子显微形态与传播方式、拍摄设备与技巧的基础上，精选 71 种肉眼难以观察的微小植物种子，生动展示了种子在显微设备下神奇而美丽的“真容”以及原植物形态，并通过诙谐风趣的文字描述种子的形态、大小、颜色、传播策略以及原植物形态特征，带领读者探索充满植物生存智慧的微观世界。

本书适于热爱自然的青少年、高校师生以及生物学研究者、植物爱好者、摄影爱好者阅读参考。

图书在版编目(CIP)数据

探秘种子 ： 显微镜下的奇妙世界 / 王健生等主编 . 北京 ： 化学工业出版社，2024. 12. -- ISBN 978-7-122-46748-5

Ⅰ. Q944. 59-49

中国国家版本馆 CIP 数据核字第 2024SV1376 号

责任编辑：孙高洁　刘　军　　　文字编辑：毕仕林
责任校对：王鹏飞　　　　　　　装帧设计：关　飞

出版发行：化学工业出版社
（北京市东城区青年湖南街 13 号　邮政编码 100011）
印　　装：盛大（天津）印刷有限公司
880mm×1230mm　1/32　印张 4 3/4　字数 133 千字
2025 年 1 月北京第 1 版第 1 次印刷

购书咨询：010-64518888
售后服务：010-64518899
网　　址：http：//www.cip.com.cn
凡购买本书，如有缺损质量问题，本社销售中心负责调换。

定　　价：39.80 元

编写人员名单

主　　编：

王健生　李根有　李　攀　王军峰

副 主 编：

陈高坤　何安国　项巾娑　朱遗荣

参编人员：

何浩添　马丹丹　王钧杰　李军萍

吴敏良　徐朝晖　龚雪媛

主编单位：

王健生　金华职业技术大学医学院

李根有　浙江农林大学暨阳学院

李　攀　浙江大学生命科学学院

王军峰　华东药用植物园科研管理中心

前言

种子是植物繁衍后代的生命幼体，发芽长成后，有的只能成为纤弱小草，有的却可长成参天大树。神奇的生命奥秘均隐藏于种子之中。世上植物千千万，种子的体量和形态也千差万别，大者如海椰子，单个重达 15 公斤，两手抱着都吃力；小者若微丝，如斑叶兰种子，200 万颗才重 1 克，肉眼根本看不清。

遥望苍穹，庞大的星球愈来愈小，最后近乎烟尘；俯视脚下，鲜活的生命体也越来越小，有的小如细沙，变得无法分辨。美似乎只存在于我们的可辨视野里，那些微小的种子或果实，由于肉眼无法看清，便成了我们的寻美盲区和审美遗地，无感地被忽略和轻视了。

当我们利用显微镜和相机，通过精心细致的操作，将其放大数倍至数十倍之后，才惊奇地发现，微观世界里那些渺小而顽强的生命体，居然拥有着如此的美丽和聪慧：精美的结构让人窒息，神奇的造型令人惊叹，顽强的生命力让人感佩，高超的智慧令人膜拜！

在欣赏这些精美绝伦的微型种子形态后，我们不得不感叹大自然的鬼斧神工，赞颂生命体的绚丽多姿。但我们更明白，这里展示的只是冰山一角、沧海一粟，更广阔、更细微、更有趣的领域还有待大家共同去求索、去探究。生命是如此的奇妙、美妙和微妙！朋友们，准备好了吗？让我们一起去开启探寻生命微观之美的旅程吧。

诚挚感谢浙江省植物学会，它把各位编者联系起来，促成了本书的诞生。本书在编写过程中得到了浙江省森林资源监测中心陈征海正高级工程师、显微摄影师包志军先生和喻文钢先生等诸多良师益友的指导和相助，在此对他们表示由衷的感谢！

编者

2024 年 8 月

目录

第一章
微拍种子的魅力

一、微拍小型种子的意义

“仰观宇宙之大，俯察品类之盛，所以游目骋怀，足以极视听之娱，信可乐也。”王羲之在《兰亭集序》中如是写道，用白话文来说就是“仰首观览宇宙的浩大，俯身观察大地上的万物，用来舒展眼力，开阔胸怀，足够极尽视听的欢娱，实在是很快乐！”人类自诞生之初就开始了对自然世界的探索。然而，对于肉眼看不见的世界，16 世纪以前的人们却知之甚少。望远镜和显微镜的发明把人类带入了一个非凡的世界，人类从望远镜中首次看清了头顶的群星，也从显微镜里发现了构成生物的基本单位——细胞。今天，当天文望远镜对准深邃的太空，人类的视线可达距离地球百亿光年外的宇宙深处；当现代显微镜聚焦微观世界，人类可观察到分子和原子的结构，分辨率甚至能够达到 0.1 纳米。

纵观显微镜的发展历史，我们可以发现显微镜的每一次进步必然伴随着微观领域科学研究的突破。光学显微镜让人类发现了细胞与微生物，电子显微镜让人类可以进行分子水平的观察，扫描隧道显微镜让人类可以观察和定位单个原子……

显微镜让人类重新认识了这个世界——水滴变成汪洋，蚂蚁成为巨兽，肉眼看起来很普通的种子在显微镜下也换了一副模样，它们变成了一件件艺术品，让人惊叹不已。种子显微摄影的意义主要体现在以下几个方面。

① 形态学研究。种子显微摄影可以清晰展示种子的形态结构和微观特征，如颜色、纹理、突起、细胞排列等，这不仅有助于了解种子的形成与发育过程，还可为植物分类和鉴定提供数据支持。

② 生态学研究。通过显微摄影可以记录种子在不同生态环境下的形态变化，这有助于了解植物如何适应不同的生态环境，以及环境变化对种子形态的影响。

③ 农业生产。通过观察种子的微观结构，可以评估种子的遗传品质和生长发育潜力，为选育优良品种提供科学依据；通过观察种子表面的病原菌和害虫卵等有害生物，还可以及时发现并采取相应措施，减少病害的发生。

④ 美和艺术。种子显微摄影将肉眼难以观察到的种子结构和细节放大并记录下来，呈现出一个全新的、充满美感的奇妙世界。种子显微摄影作品不仅展示了种子的自然之美，还体现了自然界生命力和创造力的奇迹，能够引导人们关注自然、热爱生命、追求美好。这些作品往往具有独特的艺术魅力，能够激发艺术家的创作灵感，丰富和拓展艺术的表现形式。

⑤ 科学传播。种子显微摄影作品通过展示种子在显微镜下的神奇细节，可以激发公众对植物世界的好奇心和探索欲。它们还可以作为生动的教材，帮助公众了解植物的生长过程和科学知识。

⑥ 生物多样性保护。种子显微摄影作品完美融合了科学与艺术，通过科学的方法和技术来捕捉和展现自然界中的美丽瞬间，这有助于提高公众对生物多样性保护的认识和重视。

⑦ 仿生学。种子显微摄影作品展示了种子的微观结构和美丽形态，为仿生学提供了丰富的灵感来源。科学家、工程师、艺术家、设计师可以从这些作品中汲取灵感，模仿种子的自然结构和功能特性来设计和制造新的材料、用具甚至建筑。

综上所述，种子显微摄影在科学研究、农业生产、艺术创作、科学传播以及日常生活等方面都具有重要意义。这种跨学科的融合体现了科学与艺术的完美结合，为我们理解和欣赏自然界提供了全新的视角。

二、种子显微形态与传播方式

我们肉眼所见的世界，五彩缤纷，让人眼花缭乱。而通过显微设备观察到的景象，同样色彩斑斓，甚至更为奇妙。正所谓“一沙一世界，一花一天堂”，一颗细小的种子也有着神奇的形态。显微镜下的种子不管多小，在形状、颜色以及表征等方面都有着惊人的复杂性和多样性。它是一个携带了完整遗传密码的生命体，在合适的环境下会发芽、生长、开花、结果，完成延续物种的使命。我们不知道种子会不会思考，但肯定充满着生存智慧，让自己在竞争激烈的生存环境中保有一席之地。种子的显微形态可分为内部形态和外部形态，本书将主要介绍外部形态。

1. 种子的显微形态

① 形状。种子的形状各式各样，有椭圆形、球形、凸透镜形、卵形、肾形、条形、锥形、碗形等。有些种子神似生活中的常见事物，如野老鹳草的种子像只网纹瓜，流苏子的种子形同盛开的向日葵，小金梅草的种子模仿了露兜树的果序，琉璃繁缕的种子组合如同一只彩色足球，未展开冠毛的缬草种子则像小小世界里的航空炸弹……

② 体积与质量。微观世界中的种子大都十分微小，但不同种类间大小差异很大，一般杂草的种子多在 0.01 克左右；而兰科植物的种子通常极其小而轻，如一粒斑叶兰种子仅重 0.0000005 克。

③ 颜色。种子表面的颜色丰富多彩。有的种子呈现出鲜艳的红色、黄色或蓝色，就像是一颗颗闪闪发光的宝石；而有些则是暗淡的棕色或灰

色，显得非常低调。此外亦有双色或多色出现在同一种子上，甚至有些种子表面因为折射率的不同而呈现彩色效果。种子的颜色根据其成熟度的不同，也会产生变化，成熟的种子一般颜色较深，而未成熟的种子颜色较浅。

④ 纹路。观察种子表面的纹饰是一件有趣的事情。有的种子表面光滑如镜，有的则表面粗糙甚至凹凸不平，还有的则布满了细细的纹路或斑点。这些纹饰就像是种子的“指纹”，每一种植物都有着自己独特的图案。这些独特的纹饰不仅让种子更具个性，也为它们的传播提供了便利。

⑤ 附属物。有些种子的表面具有附属物，如刺、翅、绒毛、油质体、黏液等，使其具有特异功能，帮助它们更好地进行传播。比如，有些种子的翅膀可以让它们在空中飞翔，借助风力传播到远方；而有些种子的刺毛则可以黏附在动物的身上，通过动物的运动来实现传播；有些则是通过“小恩小惠”，作为动物的口粮实现远距离传播。

2. 种子的传播方式

利用自身特殊的形态优势，种子传播主要有以下几种方式。

① 动物传播。一些“聪明的”种子会利用动物作为传播工具。它们会将自己的种子藏在美味的果肉内，吸引动物前来取食。当动物吃掉果肉后，种子便会随着动物的排泄物被带到新的地方生根发芽。而另一些具有钩刺或黏液等的种子，则将自己附着在经过的动物身上，传播到新的环境中。

② 昆虫传播。最为典型的传播助手是蚂蚁。许多植物会在长期的进化过程中与蚂蚁形成互利互惠的双赢关系。即植物种子为蚂蚁提供美味食品——油质体，而蚂蚁则帮忙将种子搬运到其他地方，以达到扩展家族领地的目的。

③ 风力传播。风是种子传播的好帮手。一些轻盈的种子会利用冠毛、种毛或薄翅等结构，借助风力在空中飞翔，飘向远方。菊科、杨柳科、桦

木科等的种子对这项技能尤为擅长。

④ 水力传播。对于一些生长在水边的植物来说，水是最好的传播媒介。它们的种子通常具备防水和漂浮的特性可以随波逐流，在淡水甚至海水中漂浮数日乃至数月之久。当遇到合适的环境时，这些种子便会生根发芽，繁衍生息，如椰子、黄水枝、流苏子等。

⑤ 弹射传播。有些植物则通过自身的力量来实现种子的传播。比如一些植物的果皮会在成熟时炸裂开来，将种子弹射出去，通过弹射来传播种子的植物有堇菜属、凤仙花属、野豌豆属等；而酢浆草属的种子，会利用内外种皮压力的不同而实现弹射。

需要特别说明的是，本书中所称的种子，有的实际上是果实，如唇形科、紫草科的小坚果，菊科的瘦果，白花败酱和长序榆的翅果等，因其果皮与种皮很难分开，故均笼统地称之为种子。

三、拍摄设备

采用无限远光学对焦系统的设备进行拍摄，以下是此系统的主要设备和附件（图 1-1）。

① 用于解剖果实和种子的镊子、探针、小刀片等。

② 用于测量果实和种子大小的显微测微尺。

③ 可更换镜头的数码相机。

④ 管镜组（包括管筒和中继镜），如 DCR150。

⑤ 无限远对焦的显微物镜头，规格有 2.5 倍、5 倍、10 倍、20 倍等。

⑥ 手动或自动的移动轨道，如叠叠乐自动导轨等。

⑦ 用于固定拍摄设备的支架、底座或三脚架。

⑧ 快门连接线和导轨控制器。

⑨ 用于放置果实或种子的载玻片或其他支撑物。

⑩ 可调载物台。如 *XYZ* 轴三向或 *XY* 轴二向载物台。

⑪ LED 常亮灯或闪光灯。

⑫ 柔光罩或柔光板和柔光纸。

⑬ 各种颜色的背景卡纸或背景布。

⑭ 一台电脑，并安装堆栈处理功能的软件（如 Adobe Photoshop、Helicon Focus、Zerene Stacker 等）。

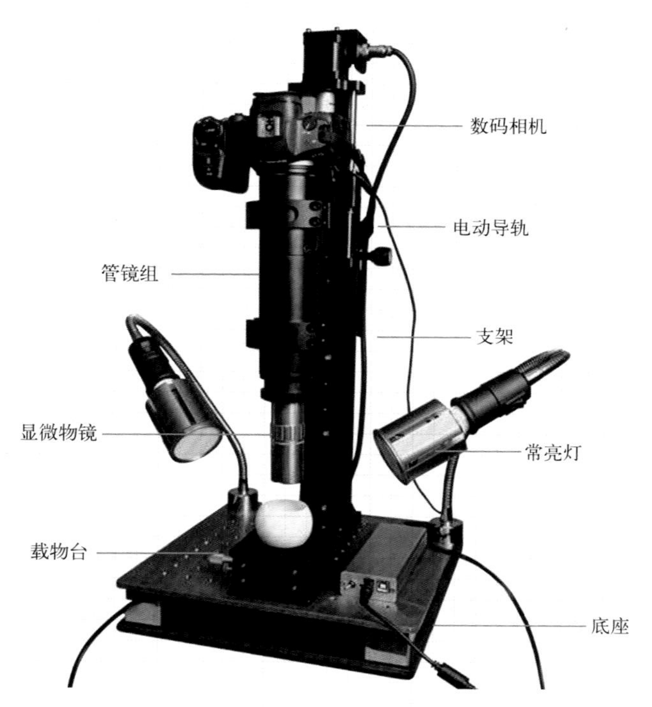

图 1-1　显微拍摄系统

四、拍摄技巧

1. 果实和种子的预处理

在野外采集成熟完整的果实或种子，装入自封袋或塑料盒小心保存，并标注样本的采集信息，如物种名称、采集地点、海拔、时间、采集人等。

拍摄前，在体式显微镜或放大镜下挑选完整、饱满、干净的果实或种子。若种子表面有粉尘等，可用清水或75%的酒精清洗干净。

2. 布光系统

显微摄影多采用斜射光，根据种子的质地、形状、颜色、表面附属结构可采用不同的布光思路。如对球形种子，可采用两盏灯制造明暗面对比，能体现种子的立体感；对扁平形种子，可采用三盏灯制造包围曝光，能充分体现种子表面的细节；对质地通透、有纹理的种子，可在底部加上底光灯，以增强种子的通透感和纹理结构。

背景颜色的选择，原则上根据种子的色泽选择对比色作为背景，以便突出拍摄主体，如种子表面有毛状物可用黑色背景、棕色种子可选择青绿色背景等。

3. 光学成像系统

在拍摄前需再次检查相机，导轨等连接装置是否卡紧，各连接线是否接好；检查后再进行相机参数调节，设为手动模式，ISO100，快门速度

（曝光时间）可以根据灯光强弱进行调整。特别要强调，在拍摄的整个过程中，必须防止一切震动，否则整个拍摄将以失败告终。

移动轨道参数调节：拍摄张数可根据种子大小、厚薄和显微镜的放大倍数进行设定。

4. 堆栈后期处理

将拍摄好的照片用堆叠软件进行合成处理，在不影响种子生物学特征的前提下尽量去除种子表面的杂质并还原种子真实颜色，可根据图片美观程度进行二次构图，最后在图片上标注比例尺等有关信息。

第二章

精巧的种子与传播策略

一、风播类

植物要在地球上长久生存，就必须拥有极强的适应能力、生育能力和传播能力。传播方式较多，很多聪明的植物就选择了性价比很高的传播方式——风播。在自然界，这类植物相当多，如菊科、兰科、杨柳科、榆科、夹竹桃科、忍冬科、香蒲科、禾本科等。它们的共同点是种子或果实上有轻盈的种毛、冠毛或薄翅，一有微风吹过，就能远走他乡、四海为家。这类植物因传播速度快，距离远，成本低，效益高，故通常都属于广布类型。

1. 长序榆

Ulmus elongata

眼前所见的其实是一种果实，而且是未成熟的翅果（图 2-1）。基部褐色的是花萼，顶上两枚细长的是花柱。最有特色的是鱼形果实和花柱边缘那两排浓密的白色长柔毛，就像鸟的羽毛一样，更有利于它在空中飞行较长的时间和较远的距离。因此它采用的是风播策略。

图 2-1
长序榆翅果

图 2-2
长序榆果枝与叶片

长序榆，榆科落叶大乔木。叶片边缘的大锯齿上还有数枚小锯齿（图 2-2）；花序与其他榆树不同，为较长的总状花序，其名来源于此。起源古老，材质优良；是华东特有树种，国家二级重点保护野生植物。

2. 台湾泡桐

Paulownia kawakamii

台湾泡桐的种子很小，但有白色而发达的种翅。种翅轻薄，结构精致，脉纹细密，脉间有极小的网状结构（图 2-3）。微风起处，轻盈的种翅带着种子，像灵动美丽的白色蝴蝶随风飞舞，飘向远方。

台湾泡桐，泡桐科落叶乔木。叶大，对生；花较大，浅紫至蓝紫色，十分艳丽，有一种蓝花楹的美感；蒴果卵球形，宿存萼裂片质厚而反卷。结果累累，每果种子极多，主打一种“广种薄收”的传播策略（图 2-4）。

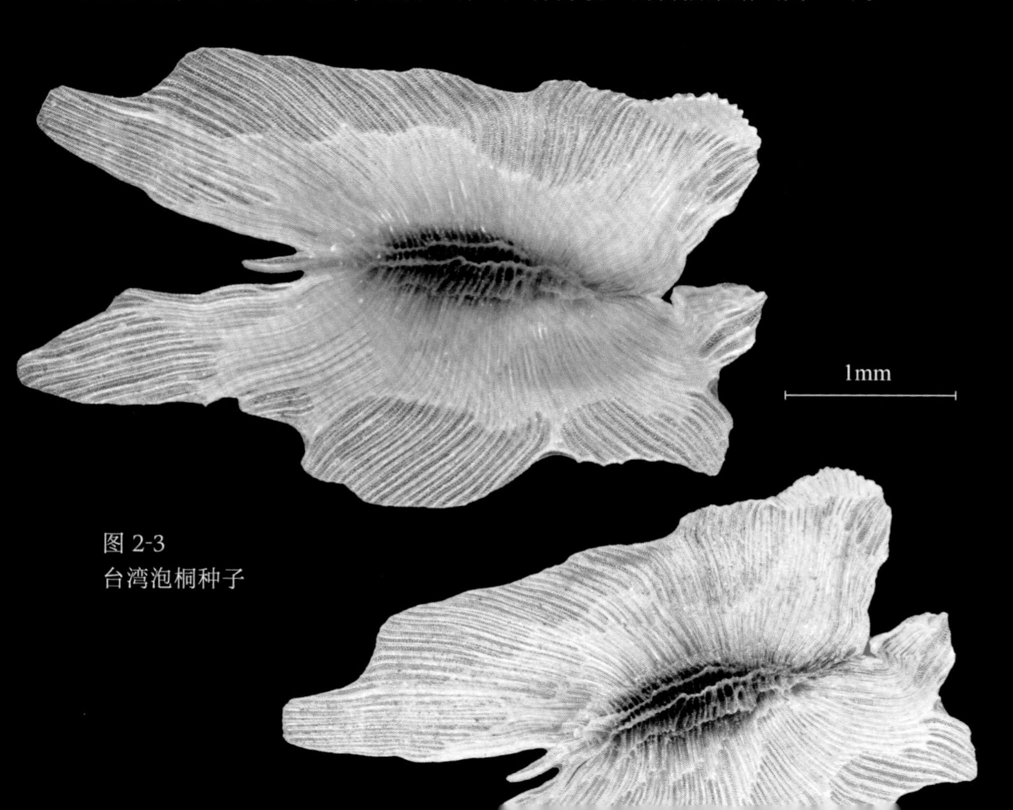

图 2-3
台湾泡桐种子

图 2-4
台湾泡桐花枝与果枝

3. 白花败酱

Patrinia villosa

白花败酱采用的传播策略也是风播，这可是一种无本万利的买卖。其果实长了一圈薄翅，为增强翅的韧度，再用发达的网状脉络进行加固。果实形状像老奶奶纳凉的蒲扇，当风儿吹来时，它就随风飞扬，占领地盘去了（图 2-5）。

白花败酱，忍冬科多年生草本。味苦，故又叫苦叶菜。基生叶丛生，叶片卵形，边缘具粗钝齿，花小，白色，由聚伞花序组成顶生圆锥花序或伞房花序（图 2-6）。它是民间常吃的一种保健野菜，有清热解毒功效，并可预防乳腺癌。但它有一股较难闻的气味，有人对它避之不及，说那是臭脚丫的味道。

图 2-5
白花败酱翅果

图 2-6
白花败酱花序与植株

4. 缬草

Valeriana officinalis

这是一种造型奇特的瘦果，身上有流线型的纵棱，顶部冠毛内卷成团，是不是像一枚航空炸弹？不过等到果实完全成熟时，顶端的羽状冠毛一张开，就摇身一变而成“羽毛球”了（图 2-7）。这种像羽毛球一样的半开放圆锥体，使果实在冠毛的作用下，飞得又高又远。是经典的风力传播植物种子。

缬草，忍冬科多年生草本。具直立茎和匍匐茎；叶对生，羽状分裂；花小，紫红、淡红或白色。是优良的观赏植物（图 2-8）。全草具安神、理气、止痛等功效；用它泡茶喝可改善睡眠；其须根蒸馏出的植物油可供配制香精。它还是一种能吸引小猫咪的植物呢。

图 2-7
缬草瘦果

图 2-8
缬草花序与花枝

5. 小苦荬

Ixeridium dentatum

看到这种瘦果，也许你会立马想到蒲公英，不错，它与蒲公英类似，都是利用风力传播果实的。当果实成熟时，微风一吹，瘦果顶上的冠毛就带着果实晃晃悠悠地飘向空中，将瘦果带向远方。瘦果上有10条翅状纵棱，这种结构不仅可减轻重量，而且具有控制方向的作用，有利于垂直迫降。瘦果上方那条细长的脖子称为喙（图2-9）。

小苦荬，菊科多年生草本。新鲜植物体有乳汁；开着黄色的花（其实是头状花序）（图2-10）。因其传播效率高，故在各地都很常见。菊科很多植物都采用风力传播方式，如我们常见的蒲公英等。

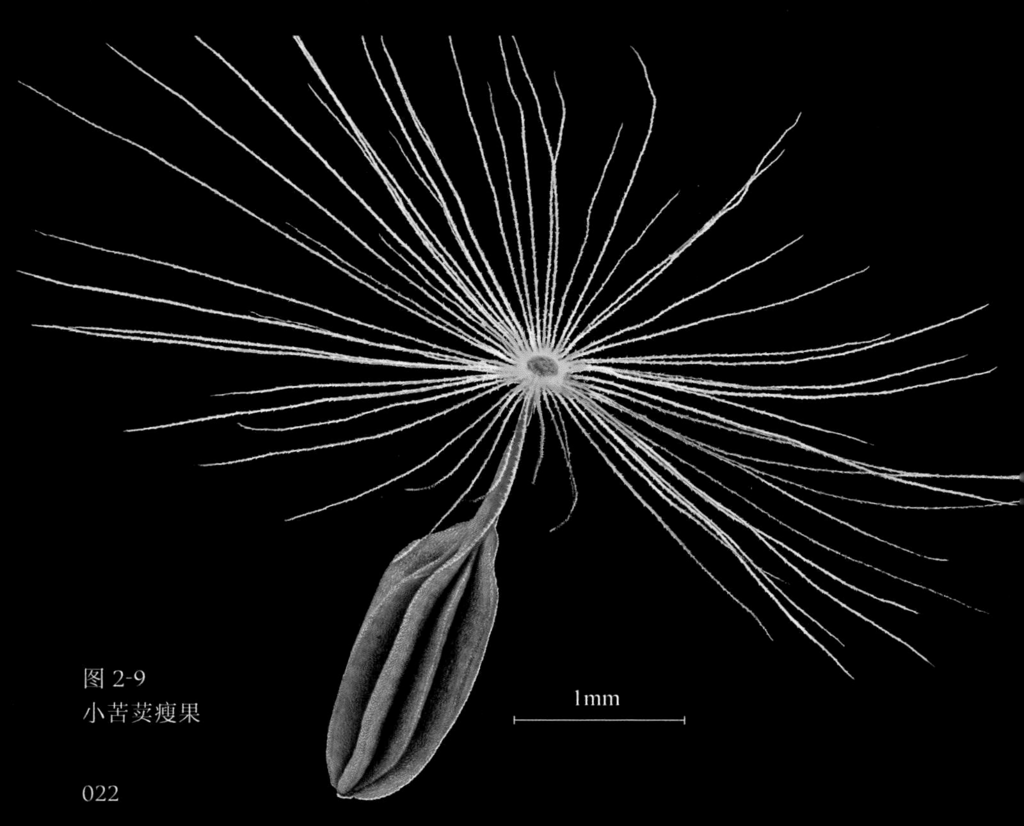

图 2-9
小苦荬瘦果

图 2-10
小苦荬花与开花全貌

6. 斑叶兰

Goodyera schlechtendaliana

细长而棕红色的种子有点像薯条，然而它们仅长 2 ~ 3 毫米，直径不足 0.1 毫米！细看都是由一些长而半透明的细胞所组成（图 2-11）。有人认为兰科植物的种子是世界上最小且最轻的种子，因为它们微小如尘，几百万颗总重才 1 克！其实用“微若纤尘”形容更好一些，它们既微小又量多，与台湾泡桐一样，采用了“广种薄收”之策略；且自身无胚乳，若要萌发，必须找到相应的真菌帮忙才行。

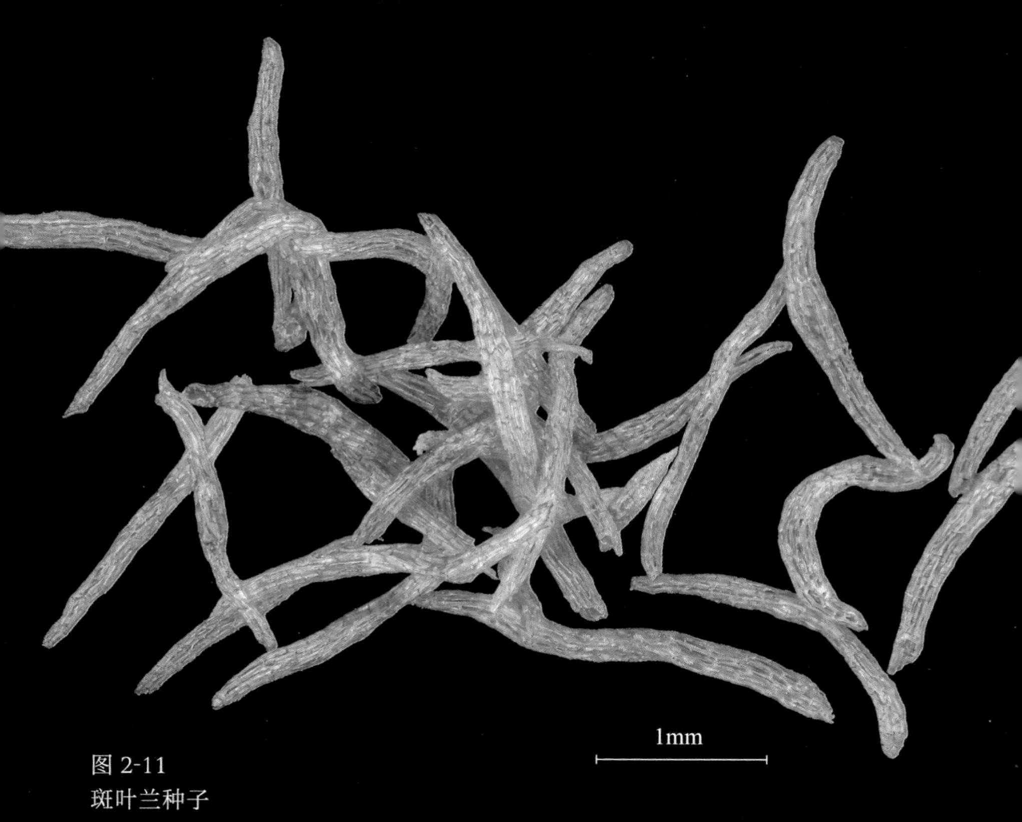

图 2-11
斑叶兰种子

图 2-12
斑叶兰植株与花序

斑叶兰，兰科多年生草本，因叶片有网状斑纹而得名。花白色，酷似一群展翅欲飞的小小鸟停歇在花葶上（图 2-12）。它是民间的一种重要草药，具清热解毒、补虚润燥之功效，鲜品捣烂外敷可治疗蛇虫咬伤；可煮汤、泡茶、浸酒饮用或做药膳。不过该植物经常被滥采乱挖，资源已急剧减少，请大家务必注意保护哦。

扫码围观蚂蚁搬运种子

二、蚁播类

不少植物的种子很微小，它们的传播策略通常是利用蚂蚁等昆虫帮助其完成扩张地盘的任务。在长期的进化过程中，为了繁衍后代，有些植物设法与蚂蚁达成了双赢关系。这类植物的种子都有个显著特征，那就是在种脐端或种子表面会产生一些特供给蚂蚁食用的白色半透明物质——油质体，既有吸引蚂蚁的气味，又富含各种营养，可谓是色香味俱全。这种有偿服务的模式能让蚂蚁轻松得到食物，心甘情愿地帮它们将种子搬运到异地。

蚁播植物中，最“豪爽”也最美丽的当属紫堇属植物种子。它们的传播方式与众不同，先是利用果皮炸裂弹出种子，然后再利用发达又美味的油质体引诱蚂蚁进行二次传播。

1. 异果黄堇
Corydalis heterocarpa

异果黄堇的黑色种子密布尖锐刺突，白色半透明的部分是它的油质体，整体形态颇像一只展翅飞翔的神鸟，像一尊世间无二的艺术品，美得令人窒息（图 2-13）。

图 2-13
异果黄堇种子

异果黄堇，罂粟科一年生草本。花黄色，背部带淡棕色，蒴果扁圆柱形，有时不规则弯曲或稍呈串珠状（图 2-14）。分布于浙江舟山以南沿海各地，生于海岸附近的砂石地上或山坡路边。

图 2-14
异果黄堇花枝与果枝

紫堇属种类繁多，外观通常比较美丽。它们的种子通常呈亮黑色，外表密生短刺状或瘤点状突起，种脐处长有十分发达的白色油质体，这是付给蚂蚁的“佣金”。它出手大方而豪爽，极像一群“头顶一块布，天下我最富”的中东“土豪”。

下面请欣赏本属 8 种其他植物种子的美丽微形态（图 2-15 ~ 图 2-22）。

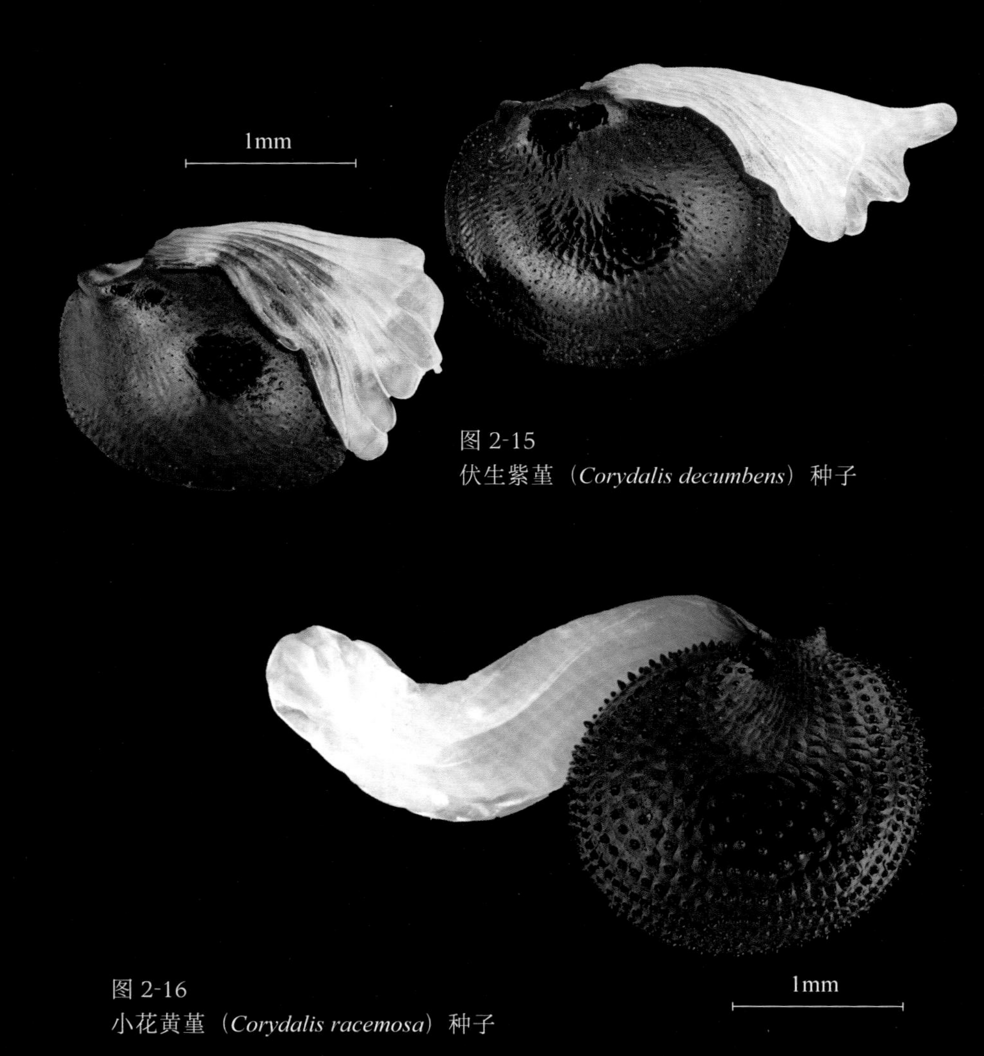

图 2-15
伏生紫堇（*Corydalis decumbens*）种子

图 2-16
小花黄堇（*Corydalis racemosa*）种子

图 2-17
延胡索（*Corydalis yanhusuo*）种子

图 2-18
地锦苗（*Corydalis sheareri*）种子

图 2-19
刻叶紫堇（*Corydalis incisa*）
种子

图 2-20
阜平黄堇（*Corydalis wilfordii*）种子

图 2-21
紫堇（*Corydalis edulis*）种子

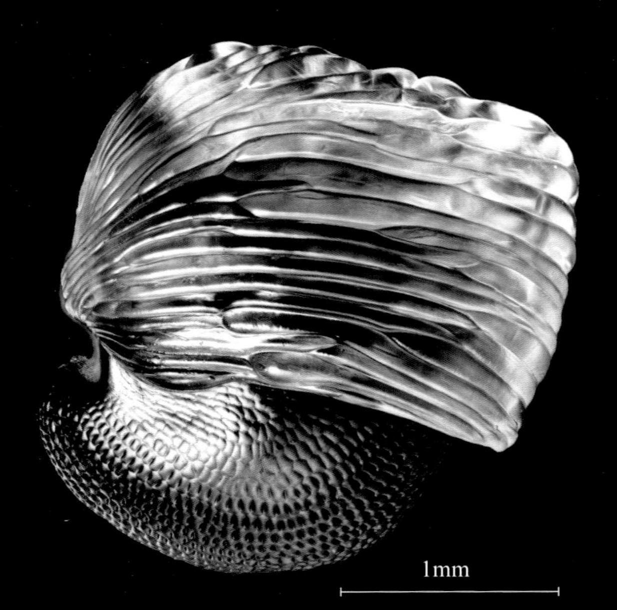

图 2-22
北越紫堇（*Corydalis balansae*）种子

2. 三枝九叶草

Epimedium sagittatum

幼嫩的种子有的像仙女的翡翠水晶鞋，有的像晶莹剔透的奶油点心（图 2-23）。绿色种子上面玉白色的是种阜，是专门用来“贿赂”蚂蚁的，让蚂蚁将它的种子搬运到其他适宜发芽并生长的地方，扩大家族范围。

三枝九叶草，小檗科多年生常绿草本。也叫箭叶淫羊藿，是重要的中药材。小叶 3 枚，革质，卵形至卵状披针形；圆锥花序或总状花序顶生，花较小，白色；花瓣囊状，淡棕黄色（图 2-24）。

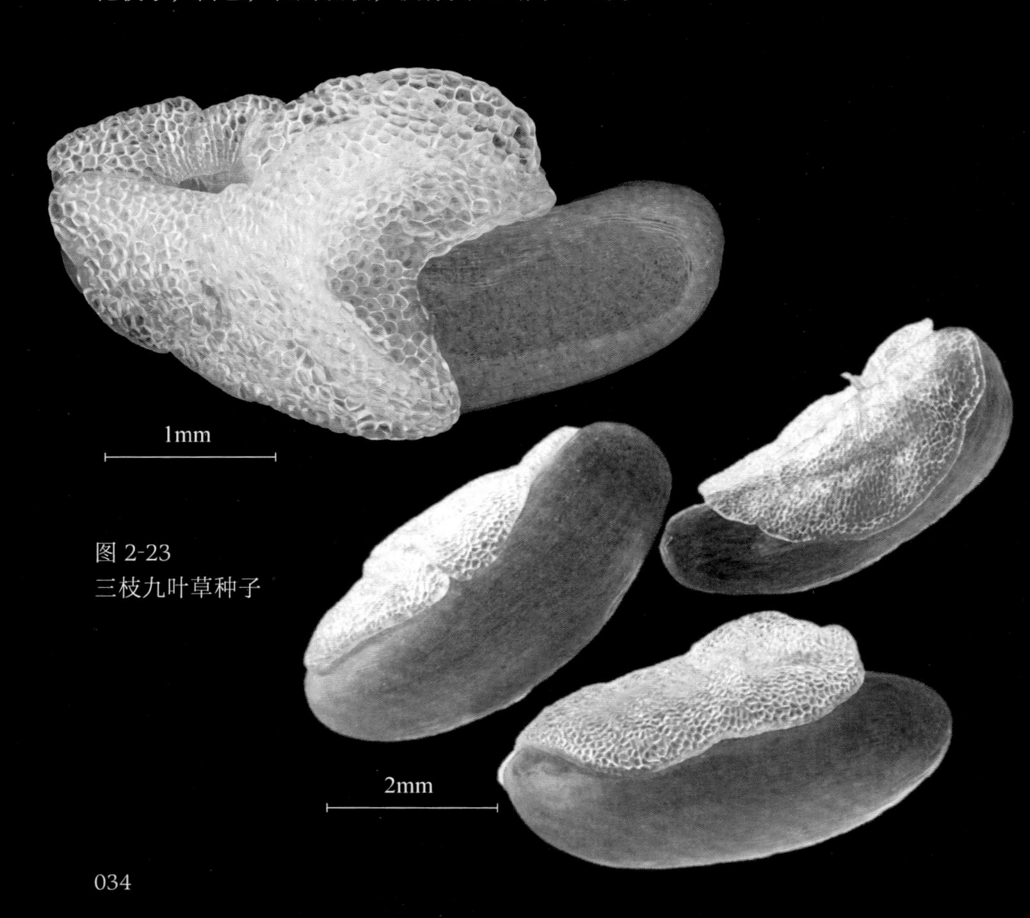

图 2-23
三枝九叶草种子

图 2-24
三枝九叶草植株与花序

3. 獐耳细辛

Hepatica nobilis var. *asiatica*

瘦果浑身长满长毛，呈现出一副“拒人于千里之外”的模样。这并不是外强中干的表现，果脐处那块白色的油质体让蚂蚁乖乖地来帮它搬家，长毛又坚决不让蚂蚁伤害到自己，且果实头部变细，也是为方便蚂蚁咬住搬运而设计的。果实进化成这种形态可谓十分高明（图 2-25）。

獐耳细辛，毛茛科多年生草本。叶片常有斑纹，3 中裂，裂片形如獐耳，根若细辛，故名。它的花很漂亮，白色、粉色或堇色，不过它没有花瓣，我们看到的像花瓣的实际上是花萼（图 2-26）。要想见它并不容易，因它仅分布于浙江、安徽、河南、辽宁，朝鲜也有。

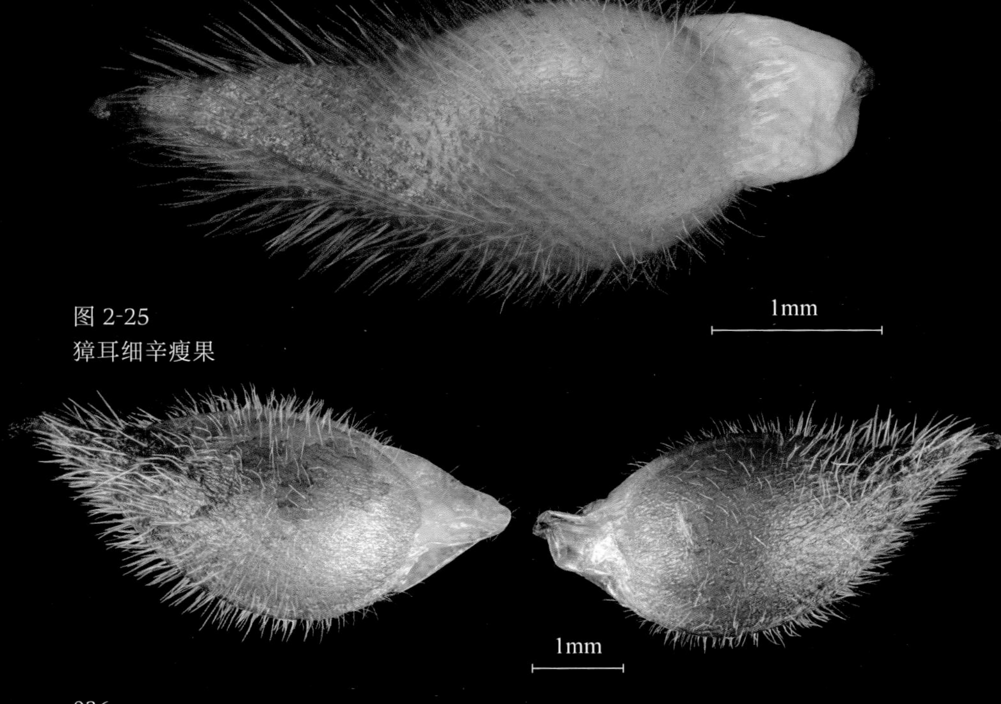

图 2-25
獐耳细辛瘦果

图 2-26
獐耳细辛植株与花

4. 博落回

Macleaya cordata

种子近椭球形，具蜂窝状纹理，表面像古代将军战袍上的铠甲。种脐处有一条半透明的肉质油质体，那是给帮忙干活的蚂蚁当“点心”的，也是方便蚂蚁下嘴搬运的抓手（图 2-27）。

博落回，罂粟科多年生高大草本。全株具橘红色乳汁；茎粗壮中空；叶大，掌状分裂；花多，无花瓣；蒴果扁平（图 2-28）。全株有大毒。

图 2-27
博落回种子

图 2-28
博落回枝果序与枝叶

5. 尾花细辛

Asarum caudigerum

种子呈现极为怪异的造型：背面深色部分放大可见极细密的指纹图案。腹面色淡的分两部分，中间一长条具蛇皮状网纹，顶部弯曲，钩住种子上端，中上部似被种子抱住，下部则紧贴种子；两侧还有半透明的泡状物质。这两部分均为油质体，用于引诱蚂蚁为其传播种子（图 2-29）。

尾花细辛，马兜铃科多年生草本。全株被白色多细胞长柔毛；叶片上面常有云斑，下面常带紫色；花被裂片 3，因其先端具一细长尾尖而得名（图 2-30）。

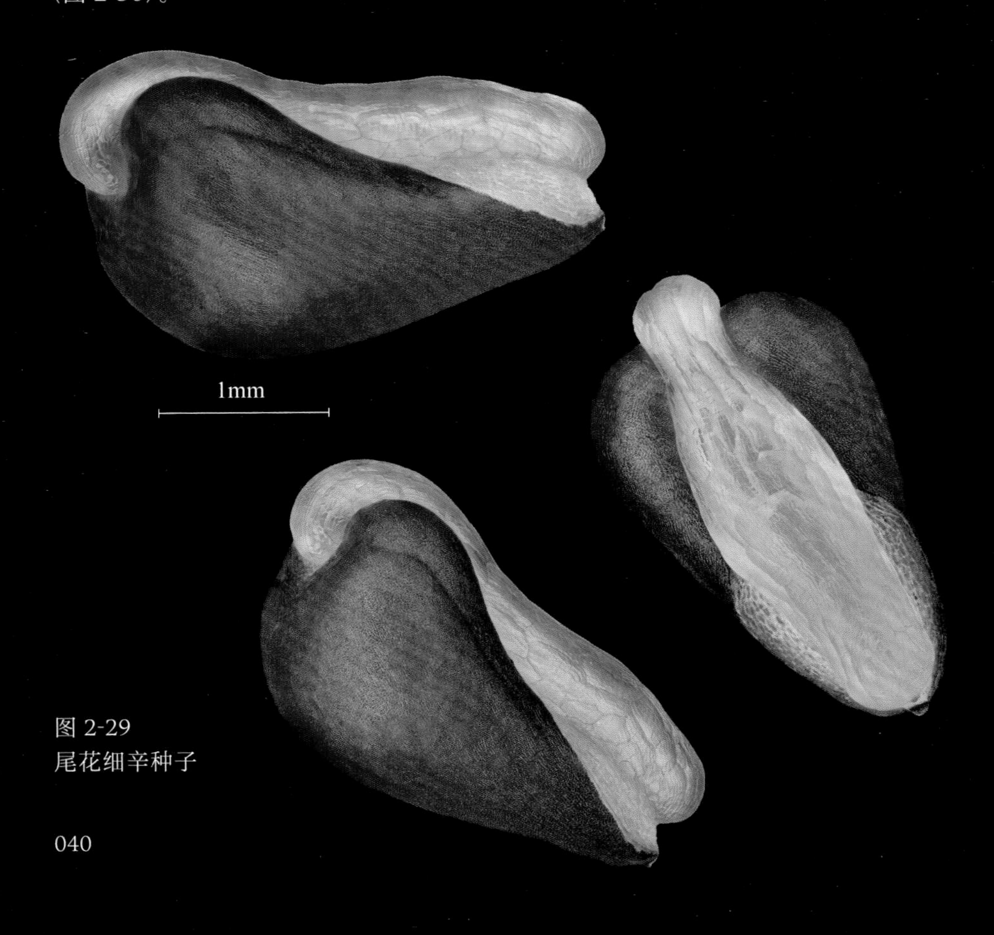

图 2-29
尾花细辛种子

图 2-30
尾花细辛植株与花

6. 瓜子金

Polygala japonica

种子卵形，未成熟时呈浅黄色，颜色由基部逐渐加深，熟时变黑。表面密被开展的白色柔毛。基部种阜发达，白色而透明，呈 3 裂，像一只小手抱着种子，疏被白毛。尽管种阜表面也长满毛，但是蚂蚁一定抵挡不住这丰厚报酬的诱惑（图 2-31）。

瓜子金，远志科多年生草本。叶片卵形或卵状披针形；总状花序与叶对生或腋外生，花白色或紫色，龙骨瓣舟状，具流苏状的鸡冠形附属物（图 2-32）。是分布较广的植物，全草可药用。

图 2-31
瓜子金种子

图 2-32
瓜子金开花植株与花序

7. 宝盖草

Lamium amplexicaule

这也是一种利用蚂蚁传播种子的植物。当小坚果成熟时，果脐端可见1个呈2叉的半透明油质体，这是一种有气味且富营养的物质，是特为蚂蚁搬运准备的报酬。倘若蚂蚁不来，油质体会慢慢干枯，小坚果表面会出现大量海星状白色油质体（图2-33）；假如蚂蚁一直不来，则油质体会逐渐耗尽，只能在母株身边就地发芽了。

图 2-33
宝盖草小坚果

宝盖草，唇形科 、二年生常见杂草。轮伞花序，花萼管状钟形，密被长柔毛；花冠紫红或粉红色，被微柔毛（图 2-34）。花果期通常是 3 ~ 5 月，有时 10 ~ 12 月会梅开二度。

图 2-34
宝盖草开花植株与花枝

8. 细风轮菜

Clinopodium gracile

棕红色的小坚果像香酥可口的脆皮花生豆，粗看油润滑溜，细观则会发现，通体布满精美神秘的纹路（图 2-35）。小坚果的一端有少许白色油质体。小坚果不方便蚂蚁搬运，而且这些油质体对于蚂蚁来说显得太“抠门”了。

细风轮菜，唇形科多年生草本。茎被倒向的短柔毛；叶片对生，卵形或圆卵形，边缘有锯齿；轮伞花序通常上密下疏，集生于茎顶，花小，紫红或淡红色（图 2-36）。它是极常见的杂草。

图 2-35
细风轮小坚果

图 2-36
细风轮植株与花枝

9. 羽毛地杨梅

Luzula plumosa

种子棕褐或棕黑色，密布极细网纹。种脐处具一白色粗大且呈弯钩状的油质体，既能引诱蚂蚁又方便其搬运，是一种利蚁又利己的高明设计（图 2-37）。

羽毛地杨梅，灯芯草科多年生草本。叶鞘闭合，叶缘有长柔毛；花排成开展的复聚伞花序；蒴果仅具种子 3 枚（图 2-38）。

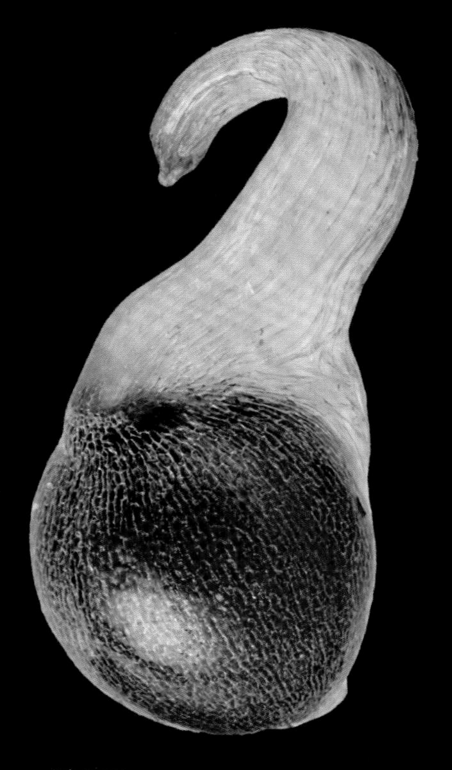

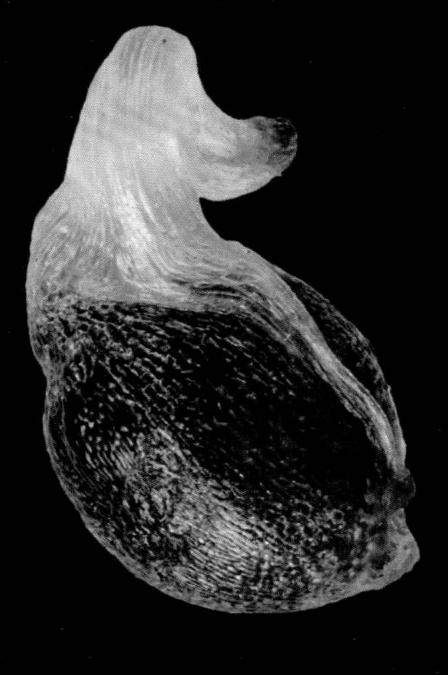

图 2-37
羽毛地杨梅种子

图 2-38
羽毛地杨梅植株与果序

10. 大百部

Stemona tuberosa

种子多数，躲于蒴果中，未熟时白色，半透明，西葫芦状；熟时蒴果裂开，种子由粉红转为红褐色，纵棱也由浅变深。种脐处有大量乳突状油质体，这些油质体模拟了昆虫的血淋巴，使得种子不论闻起来、看起来，还是吃起来都像胡蜂的猎物。被骗的胡蜂会对大百部种子发起攻击，把种子从果实中咬下并抱走，然后把油质体咬下来吃掉或带回巢穴喂养幼虫。被咬掉大部分油质体后的种子被丢弃到地面上，会被觅食的蚂蚁进行二次传播（图 2-39）。

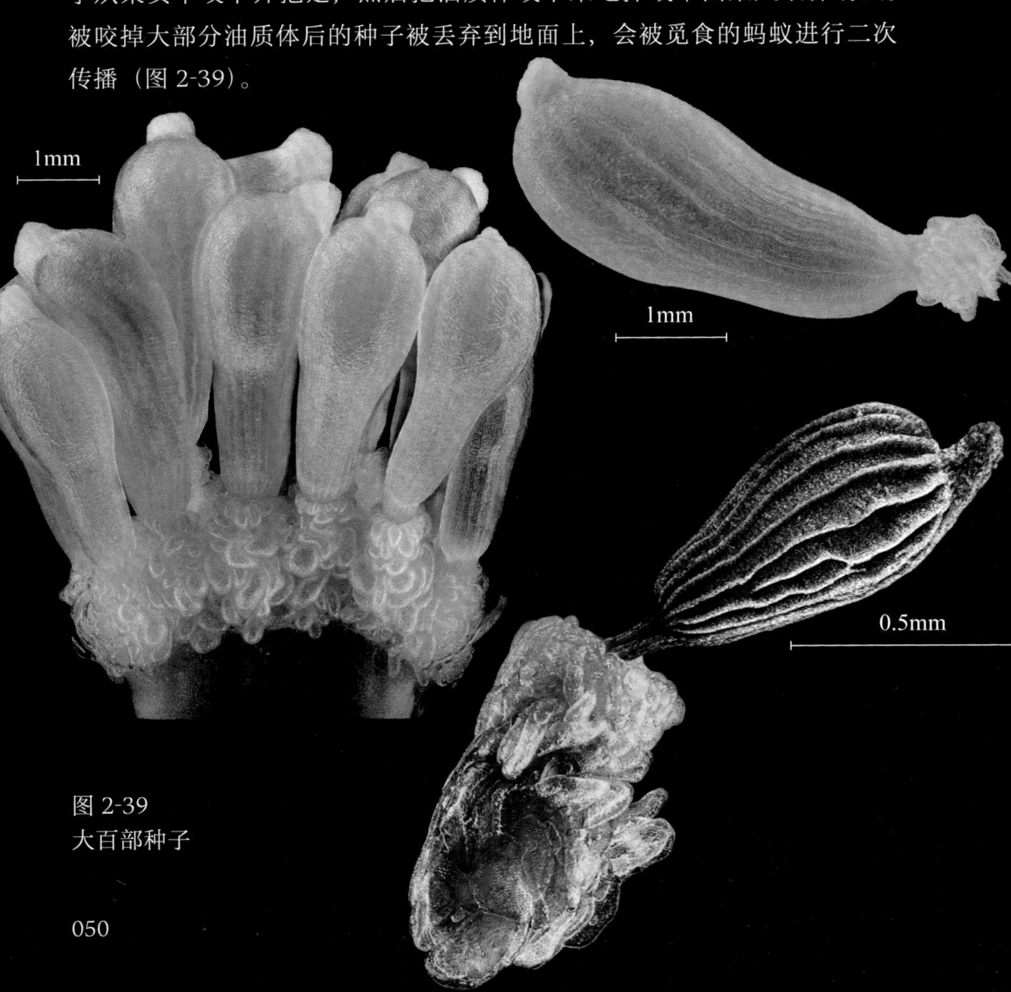

图 2-39
大百部种子

大百部，百部科多年生草质藤本。地下有多数大型纺锤状块根；叶常对生或轮生；花较大，黄绿色，带紫色脉纹，相当耐看（图 2-40）。块根入药，具止咳、抗结核、杀虫、抗菌等功效。

图 2-40
大百部花与果枝

11. 多型老鸦瓣

Amana polymorpha

当果实渐渐成熟时，多型老鸦瓣的果梗便会慢慢斜伸向地面，贴地而熟，然后室背开裂，露出扁平且近三角形的种子多数。种子一端长有较大的白色油质体，用以吸引蚂蚁搬运。图 2-41 中的种子因未成功召唤来蚂蚁，只能默默地将营养回收，油质体慢慢枯萎，准备陪着“妈妈”过一生了。

多型老鸦瓣，百合科多年生草本。地下有鳞茎；花单朵顶生，有的呈白色，有的呈粉红色，可供观赏（图 2-42）。这是本书作者李攀最近发表的新种，产于浙江。

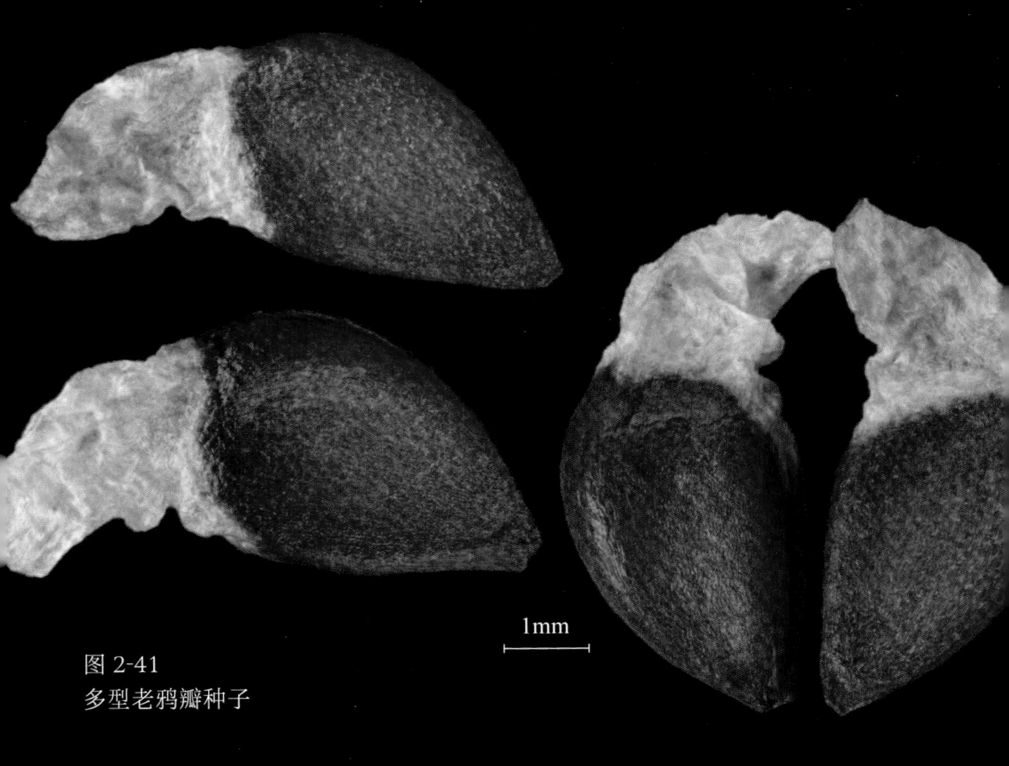

图 2-41
多型老鸦瓣种子

图 2-42
多型老鸦瓣群落与花

三、水播类

某些逐水而居的小型植物，种子具有便于漂浮的结构，会利用雨滴和水流将种子送向远方，寻找环境适宜的地方安家。这类植物通常生长于溪流旁、水沟边。

1. 黄水枝

Tiarella polyphylla

种子具纵棱，透着咖啡色光泽，表面纹理如同鱼鳞。外面包裹着一层透明胶质物，油润光滑，仿佛包浆过一般，远看像一颗颗香甜的咖啡糖（图 2-43）。黄水枝喜欢生长在阴湿的山谷水边，种子落水后可以浮在水面而随波逐流，漂向远方。

黄水枝，虎耳草科多年生草本。小花白色或淡红色；蒴果 2 裂片不等长，基部合生，下果瓣较大，形似勺子，上果瓣较小，两果瓣紧密相抱，如同一对精心呵护着孩子的小夫妻（图 2-44）。

图 2-43
黄水枝种子

图 2-44
黄水枝花序与果实

2. 毛柄金腰

Chrysosplenium pilosum var. *pilosopetiolatum*

有种动物叫“四不像”，而毛柄金腰的种子却是个“五不像”：有点像草果、豆蔻、栀子、灯笼，还有点像古代兵器瓜锤。整体暗红色，近球形，长有 12 条纵肋，肋上排列着整齐的齿轮状突起（图 2-45）。毛柄金腰的蒴果沿腹缝线开裂后，利用水滴、风吹或动物碰触而散播种子，然后在水流作用下，漂向下游，近水而居。

毛柄金腰，虎耳草科多年生草本。茎生叶和苞叶边缘具不明显之波状圆齿，腹面疏生褐色柔毛，背面和边缘无毛（图 2-46）。不过它可不是常见植物，仅分布于浙江、湖南、广东等地，生于山区阴湿的山沟边岩石上或林下。

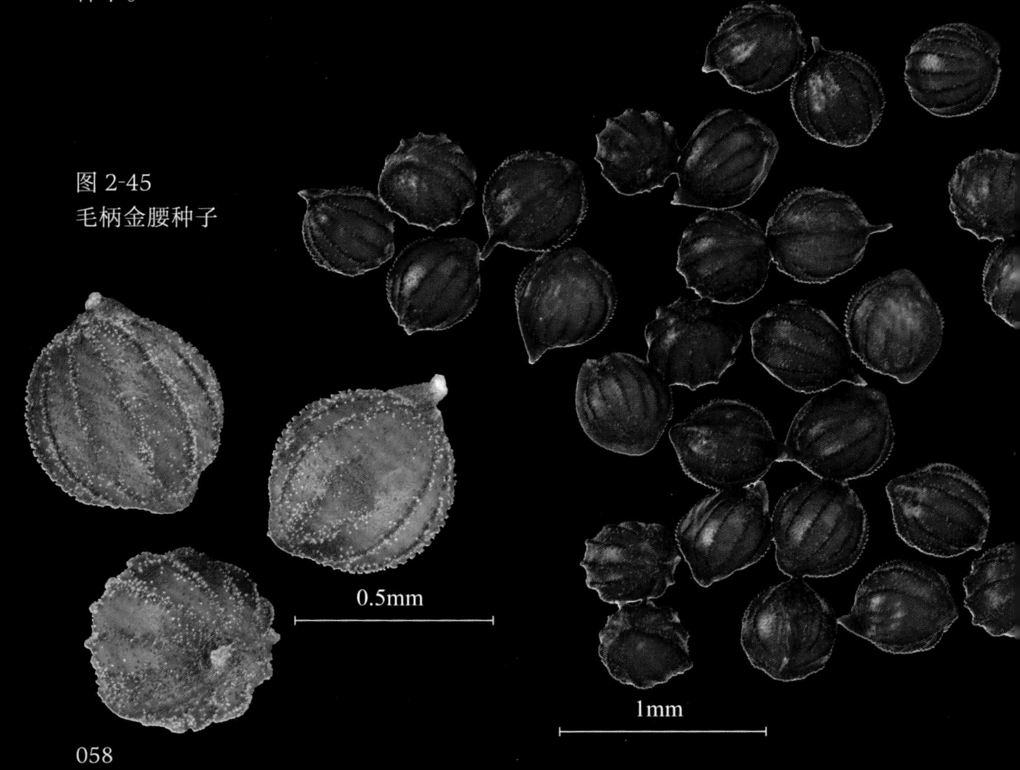

图 2-45
毛柄金腰种子

图 2-46
毛柄金腰植株与果实

3. 流苏子

Coptosapelta diffusa

种子乍一看很像向日葵的花盘。扁球形的种子，直径仅约 1 毫米，密被网状花纹，周围还长着一圈花瓣状流苏，“流苏子”因此得名（图 2-47）。流苏子种子这种结构既可风播，也可水播，种子能够飘浮在空中或漂浮在水面上传播到较远的地方。

流苏子，茜草科常绿藤本。叶对生；花小，白色，花冠裂片反折；蒴果黄色（图 2-48）。

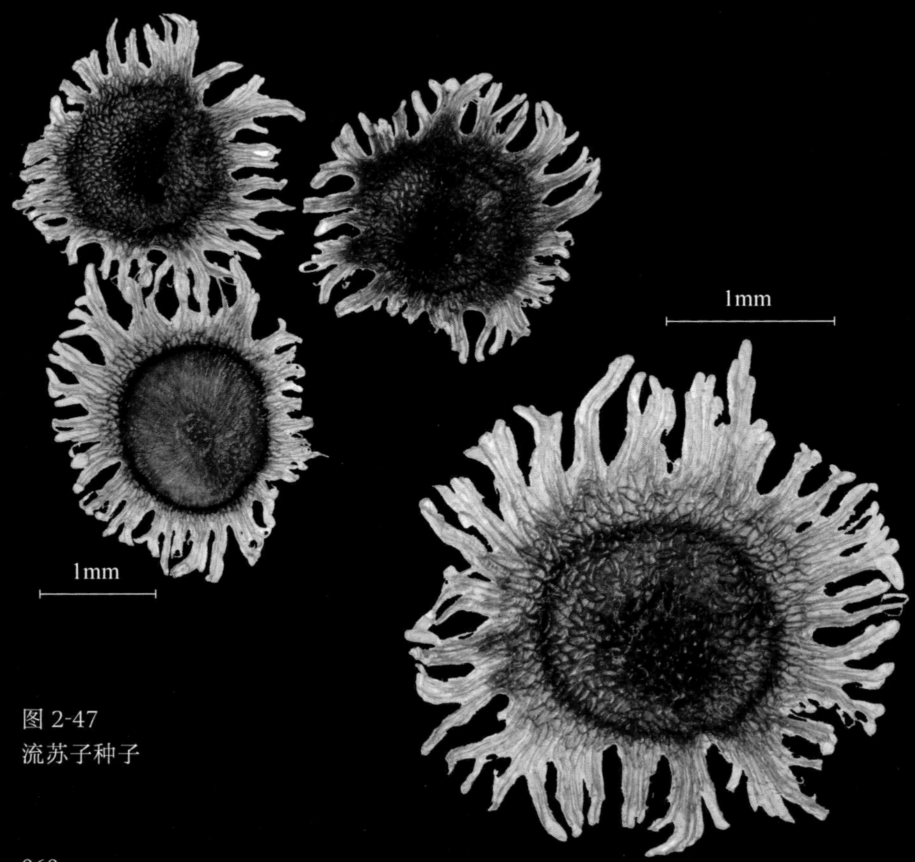

图 2-47
流苏子种子

图 2-48
流苏子花枝与果枝

4. 还亮草

Delphinium anthriscifolium

还亮草种子扁球形，上部有螺旋状生长的横膜翅，下部约有 5 条同心的横膜翅。果实成熟后会沿着上方腹缝线裂开，暴露出里面的种子。当雨滴落到种子上时，种子会弹射而出，种子上的横膜翅可以使种子在水面上漂浮，随着水流流向远方。未成熟的种子白色半透明，晶莹剔透，像极了一朵冰清玉洁的水晶玫瑰（图 2-49）。

还亮草，毛茛科一年生草本。紫色或堇色的小花后面长有一个距，里面藏着蜜，吸引昆虫传粉之用，花形特别耐看；3 枚蓇葖果形同三足鼎立（图 2-50）。全草可治风湿骨痛。山间旷野极为常见。

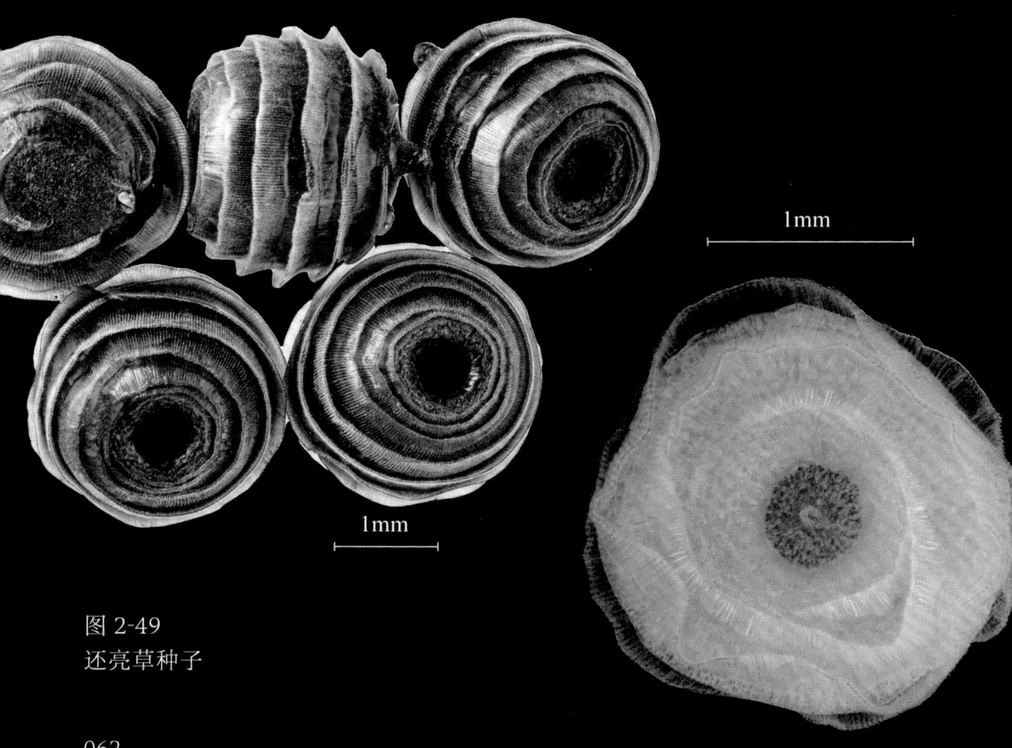

图 2-49
还亮草种子

图 2-50
还亮草花枝与果实

四、弹播类

若种子集中于一堆，则极易遭遇昆虫采食、石块压制等外界因素的毁灭性干扰。有些植物会利用果皮、假种皮等开裂时产生的能量，拼命将种子喷射或弹射到尽量远的地方以扩大地盘，避免竞争和“团灭”。

1. 天葵

Semiaquilegia adoxoides

长仅约 1 毫米的微小种子，卵状椭圆形，深褐色或黄绿色，具纵棱，表面皱皱的。初看并没什么特别，要是放大细看就会发现，其通体裹着十分复杂的花纹，花纹仿佛是用极细的古铜丝所织成，透着圣洁而神秘的光泽（图 2-51）。据拍摄者观察，其传播方式更为奇特，先是利用果皮开裂的力量弹射出近 1 米远，落地后还会像皮球一般弹跳出一段距离，这是否与它的外表结构有关还未可知。

天葵，毛茛科多年生草本。具块根；因其叶背常呈紫色，亦称紫背天葵（图 2-52）。块根为中药材，名天葵子，具清热解毒、利尿、散结功效；有小毒，据说切片贴于皮肤上会立刻起泡。它可制生物农药，用于防治蚜虫、红蜘蛛、稻螟等。

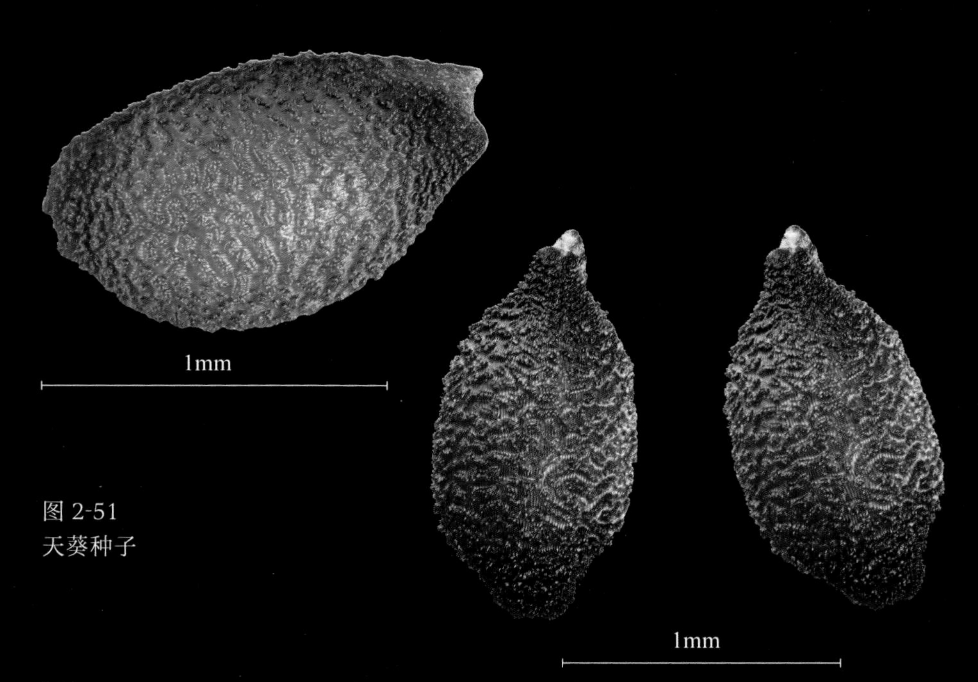

图 2-51
天葵种子

图 2-52
天葵开花植株与开裂果实

2. 野老鹳草

Geranium carolinianum

野老鹳草的蒴果长得像蜡烛台，中间的主轴叫长喙，基部有 5 个果瓣，每个果瓣内具 1 粒种子，果瓣在喙顶部合生。当果实成熟慢慢变成深褐色，并逐渐失水收缩，时机一到果瓣迅速沿主轴从基部向上端反卷而开裂，积蓄的力量瞬间释放，像个投石机一样，“啪”一下把种子投射出去，这就是它们的独门绝技——弹射式传播。种子椭圆形，形状像个哈密瓜，表面有突起的网脉结构起到缓冲作用（图 2-53）。

野老鹳草，牻牛儿苗科植物，一年生草本，生于平原和低山荒坡杂草丛中。花期 4 ~ 7 月，果期 5 ~ 9 月。叶片圆肾形，掌状 5 ~ 7 深裂，裂片再羽状深裂；花小，淡紫色；蒴果具粗长的喙，成熟时果瓣从果实基部先裂开，并极速向上反卷，猛地弹射出种子，5 枚果瓣在喙顶部合生（图 2-54）。它原产于美洲，我国大部分地区有归化，极为常见的杂草。

图 2-53
野老鹳草种子

图 2-54
野老鹳草花枝与果枝

3. 酢浆草

Oxalis corniculata

脱去假种皮的种子扁椭球形，深褐色，顶端有小尖头，具横向隆起，像大王具足虫坚硬的背（图 2-55）。种子外面包有双层结构的乳胶状白色假种皮，当果实成熟时，沿室背裂开一条缝，种子的假种皮因内外层失水收缩不平衡而压力剧增，急速炸裂并翻卷，产生的反推力将种子及假种皮从果瓣裂缝中极速喷射出来。若用手轻碰或轻捏果实，种子也会趁机借力弹出。当有动物经过碰触时，弹出的种子会黏附在动物身上，从而借助动物帮其带至它处。

酢浆草，酢浆草科多年生草本。茎下部匍匐；具 3 枚会闭合的倒心形小叶；花黄色；蒴果圆柱形，具 5 棱（图 2-56）。其叶微酸，酸味与古时一种以面汤发酵后制成的名为“酢浆”的饮料相似，这就是酢浆草名字的由来。

图 2-55
酢浆草种子

图 2-56
酢浆草开花植株与果实

4. 小巢菜

Vicia hirsuta

荚果长圆菱形，成熟后沿缝线开裂，瞬间扭曲成麻花状，将种子弹射出去。种子扁圆形，两面凸出，布满紫褐色的斑纹（图 2-57）。

小巢菜，豆科一或二年生草本。羽状复叶叶轴先端具 2 ~ 7 分枝的卷须；总状花序有 2 ~ 7 朵极小的白花；荚果小，内含 1 或 2 颗种子，荚果成熟时果瓣开裂将种子弹出。是极为常见的一种野草（图 2-58）。

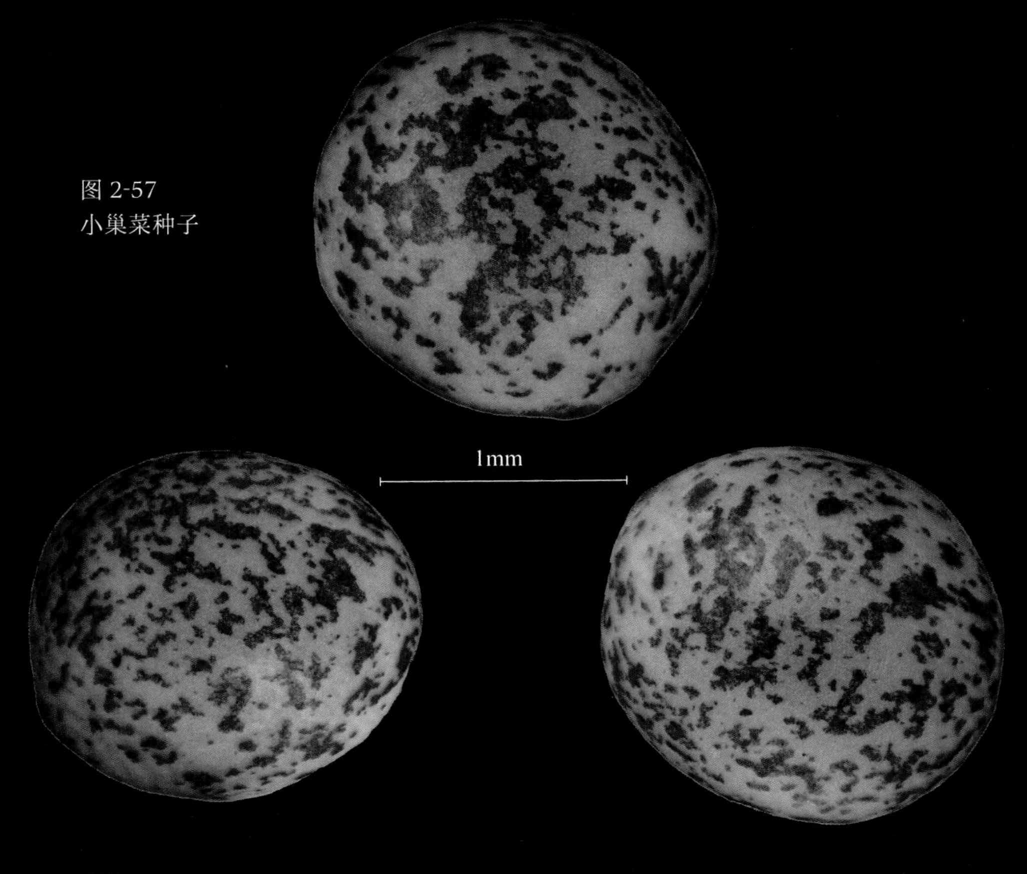

图 2-57
小巢菜种子

图 2-58
小巢菜开花植株与荚果

5. 凤仙花

Impatiens balsamina

凤仙花的果实“脾气很暴躁”，当其成熟时，只要用手轻轻一碰，果皮就会瞬间爆裂卷曲，从而将种子迅速弹出（图 2-59），所以古人还给凤仙花取了个外号叫“急性子”。它的花语是“别碰我”。

凤仙花，凤仙花科一年生草本。茎粗壮，半透明，节部膨大；花色繁多；蒴果宽纺锤形（图 2-60）。花可观赏；种子可药用；茎可腌渍食用，清爽可口。宁波、台州一带称其为“两头空”。

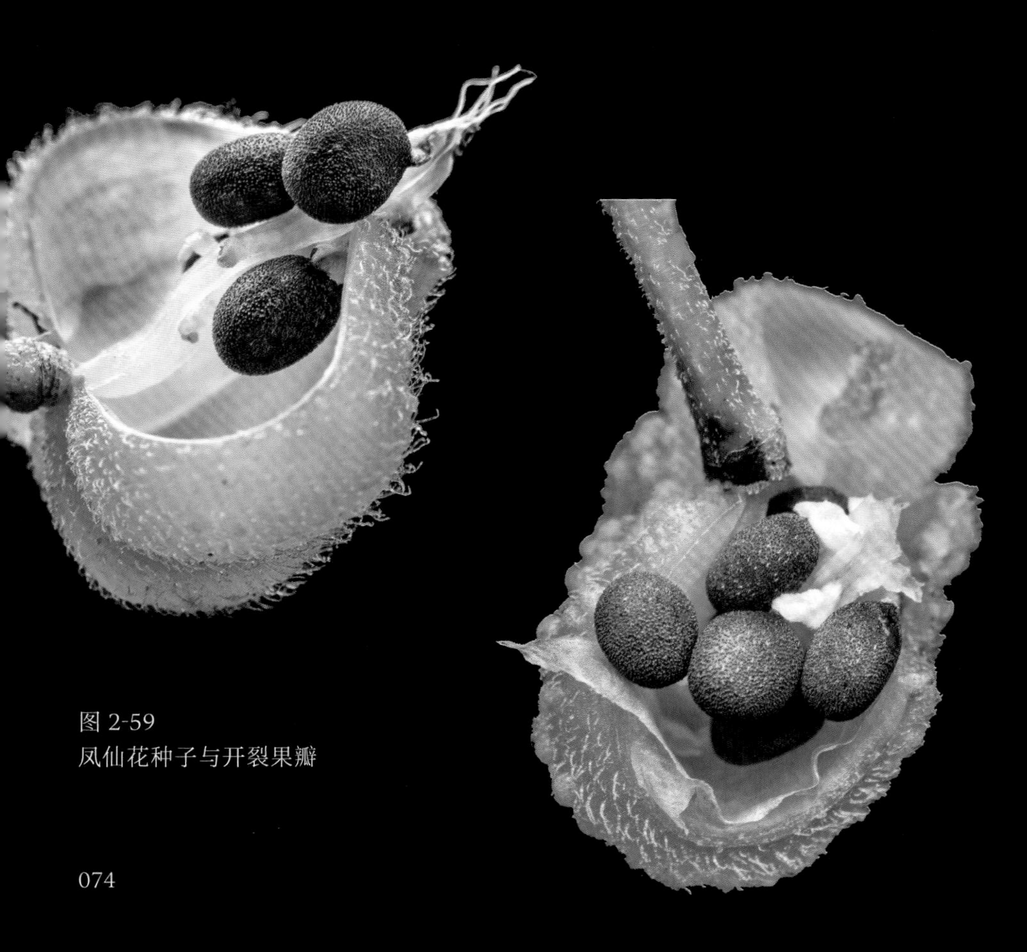

图 2-59
凤仙花种子与开裂果瓣

图 2-60
凤仙花开花植株

五、
动物传播类

某些菊科、禾本科的草本，果实上长有锐刺或芒，其上再长小刺或倒刺，当动物或人经过时，会用针刺、倒刺、芒、钩等插入或钩住动物毛发、人类衣物，强行搭车，免费将其带至远方，如鬼针草、淡竹叶、拉拉藤等，这是一类令人十分“讨厌”而“头疼”的植物。

还有一类植物则是采用双赢模式，利用动物或人类食用其果实（通常是浆果）后，将种子排泄至它处，借以扩大地盘，如猕猴桃、火龙果、蓝莓、桃金娘、杜茎山等。此类植物的种子表面通常具有防止被动物或人类肠胃磨损的保护结构。

1. 鬼针草

Bidens pilosa

瘦果细长，黑色，具纵棱。顶端有 3 或 4 枚尖锐粗刺，刺上长有短倒刺（图 2-61）。一旦有人或动物经过，它就会扎入动物毛发或人类衣物上，极难清除。当人边走边清除时，却恰好再次中了它的“圈套”：免费帮它撒播了一路。古人取此名，估计也是对其极为厌恶之故。

鬼针草，菊科一年生草本。叶常3全裂，对生，缘花白色或无（图2-62）。它是来自美洲的丑陋恶草，不过也并非一无是处，全株具清热解毒、活血散瘀等功效。

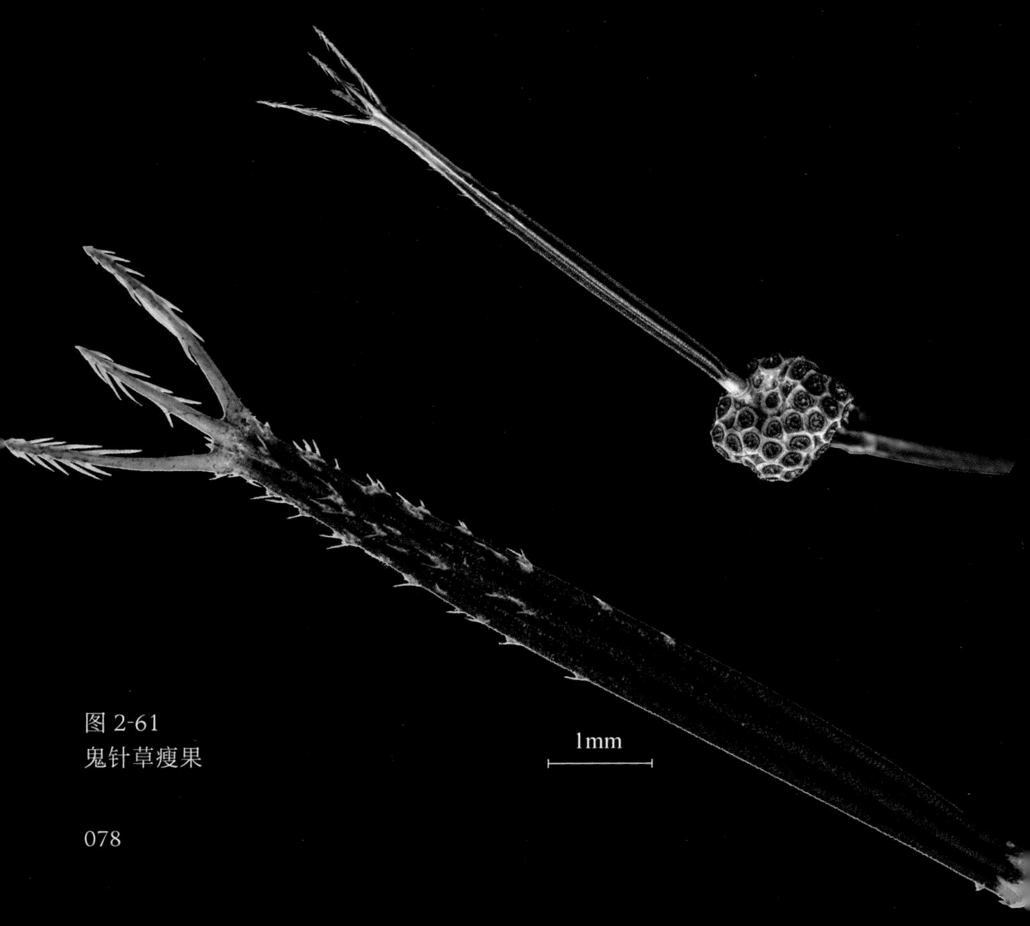

图 2-61
鬼针草瘦果

图 2-62
鬼针草花枝与果序

2. 淡竹叶

Lophatherum gracile

不育外稃顶端具短芒，芒上有倒刺（图 2-63）。当人或动物经过时，它会立马扎进动物毛发中或人类棉、绒质衣物上，很难拔出，令人讨厌至极。因其具有这种传播特性，故通常生长在山路边，静静等候着人或动物出现，见机为其传种。

淡竹叶，禾本科多年生草本。须根中部有膨大成纺锤形的肉质小块根；茎直立；叶片披针形；颖果长椭圆形（图 2-64）。全草和小块根可供药用或制凉茶，有清热泻火、除烦、利尿等功效。

图 2-63
淡竹叶的小穗和颖果

图 2-64
淡竹叶植株与果序

3. 拉拉藤

Galium spurium

拉拉藤的果实，两枚孪生状分果扁球形，密生钩状毛（图 2-65）。利用这些钩毛，它不付任何代价，便可强行让人和动物为它传种。

拉拉藤，茜草科二年生草本，十分常见的杂草。叶 6 ~ 8 枚轮生，具倒刺毛；花极小，黄绿色，4 深裂。茎四棱形，棱上密生倒刺毛，人一走过，就会被钩住拉牢，故得名拉拉藤（图 2-66）。至于猪殃殃之名，则是用它喂猪时，因小刺太多，猪吃了后嘴巴、喉咙极是难受，所遭之殃不止一，故再加一殃也。有打油诗为证：此草性太强，到处呈疯狂；人碰被划伤，猪吃遭双殃！

图 2-65
拉拉藤分果片

图 2-66
拉拉藤植株与花枝

4. 火龙果

Selenicereus undatus

量天尺，俗称火龙果，其棕红色或黑色小种子镶嵌于果肉中，种皮致密而坚硬，表面有细小瘤状突起（图 2-67）。这种突起即是防止被肠胃磨损的保护结构。

火龙果，仙人掌科肉质藤本。茎绿色，无绿叶，具三棱，有刺窝，窝里生短刺。花大，白色；果大，红色。果实是人们喜闻乐见的水果（图 2-68）。

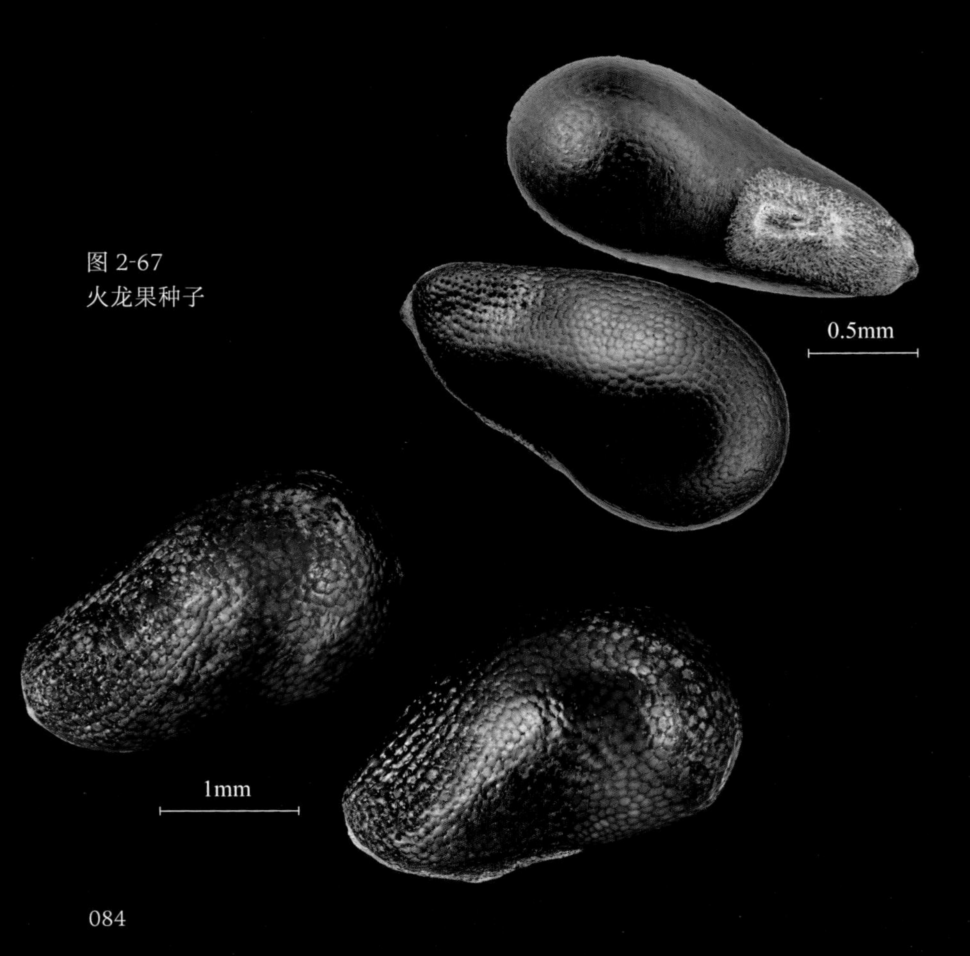

图 2-67
火龙果种子

图 2-68
火龙果植株与果实

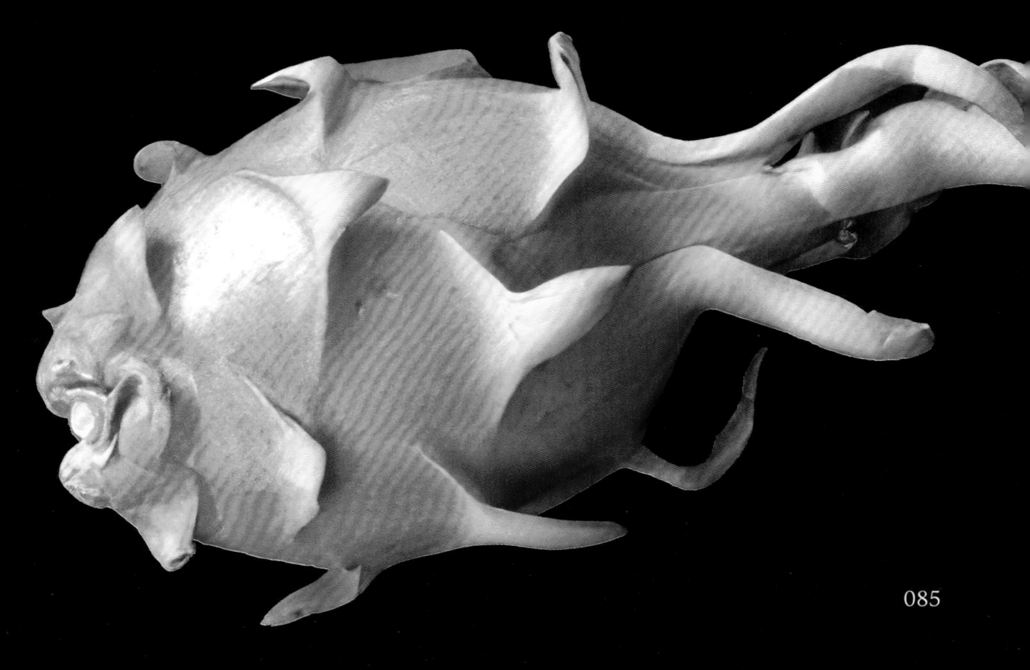

5. 桃金娘

Rhodomyrtus tomentosa

微小而扁平的种子，如同甜美的糕点或精致的玉佩，浑身有序排列着圆形或条状突起，质地通透（图 2-69）。种子上那些硬质突起，是一种重要的自保结构，能尽量避免遭受动物肠胃的磨损。

桃金娘，桃金娘科的“科长”，常绿灌木。花朵艳若桃花。果实鲜甜可口，是一种野生水果（图 2-70）。

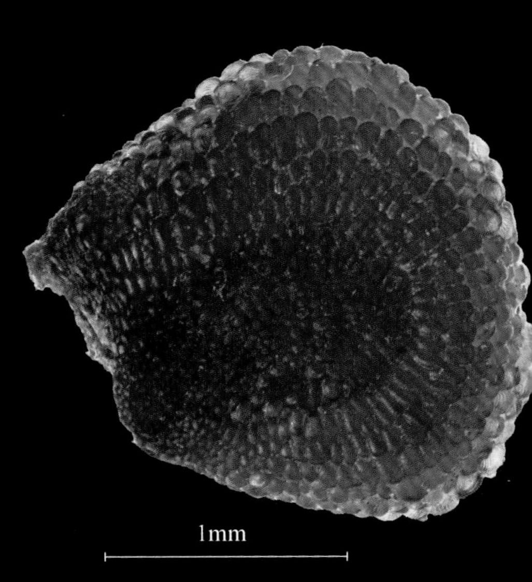

图 2-69
桃金娘种子

图 2-70
桃金娘花枝与果枝

6. 杜茎山

Maesa japonica

眼前这颗“星球”美丽而奇异，表面那些形状不规则的紫黑色碎片是杜茎山的种子。多数种子镶嵌在一个球形的特立中央胎座上，种子之间还填塞了一些棕红色的糖状物质，含丰富的营养物质，是小动物们的最爱（图 2-71）。

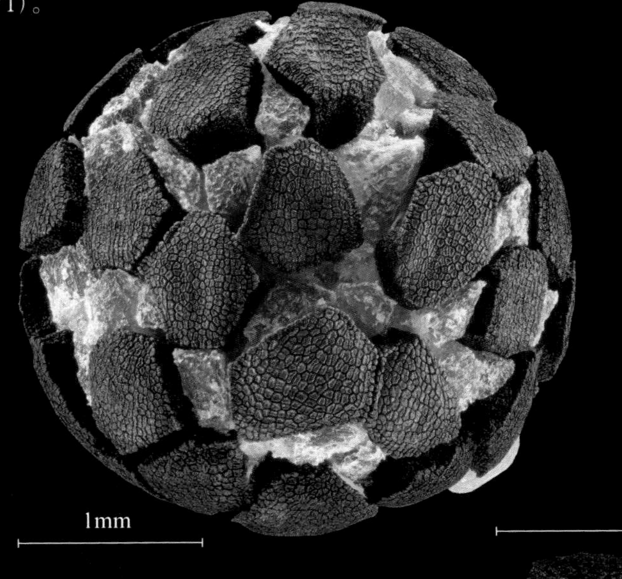

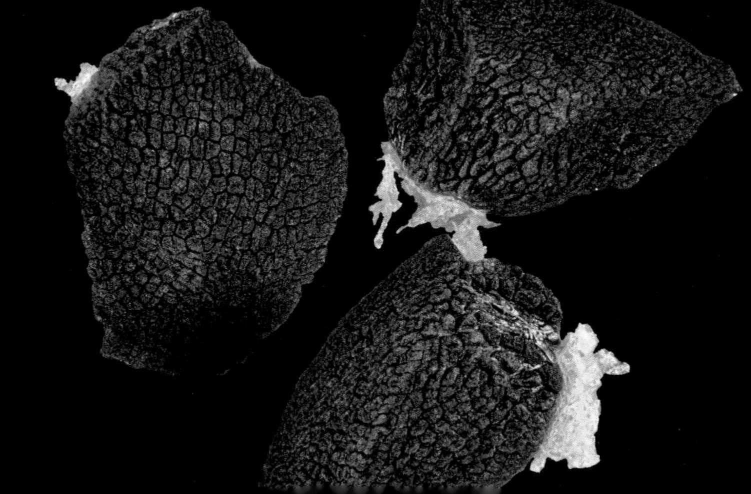

图 2-71
杜茎山种子

杜茎山，报春花科常绿披散灌木。花小，绿白色或乳黄色，形若倒挂的小花瓶；果实近球形，外面包有白色或粉色的肉质花萼，故呈浆果状，常有纤细的红色纵条纹，顶端有宿存花柱（图 2-72）。茎、叶外敷可治跌打损伤或止血；肉质花萼味微甜，可食。

图 2-72
杜茎山花枝与果枝

7. 蓝莓

Vaccinium uliginosum

笃斯越橘，俗称蓝莓，其微小而呈金色的种子，浑身装饰着坚固的网格（图 2-73）。这种结构绝不会纯粹是为了好玩：蓝莓是美味水果，鲜美的果肉是馈赠给人类和动物帮它传播种子的礼物，当被食用后，为防止动物或人类的肠胃磨损种子，特意在表面加装上一层坚固的网状结构。植物的智慧让我们由衷钦佩!

蓝莓，杜鹃花科常绿灌木。花下垂；花冠绿白色，宽坛形，4 ~ 5 裂，裂齿短小，反折；浆果蓝紫色，被白粉（图 2-74）。我们食用的蓝莓是一类经多个自然种反复杂交后形成的栽培品种之统称。

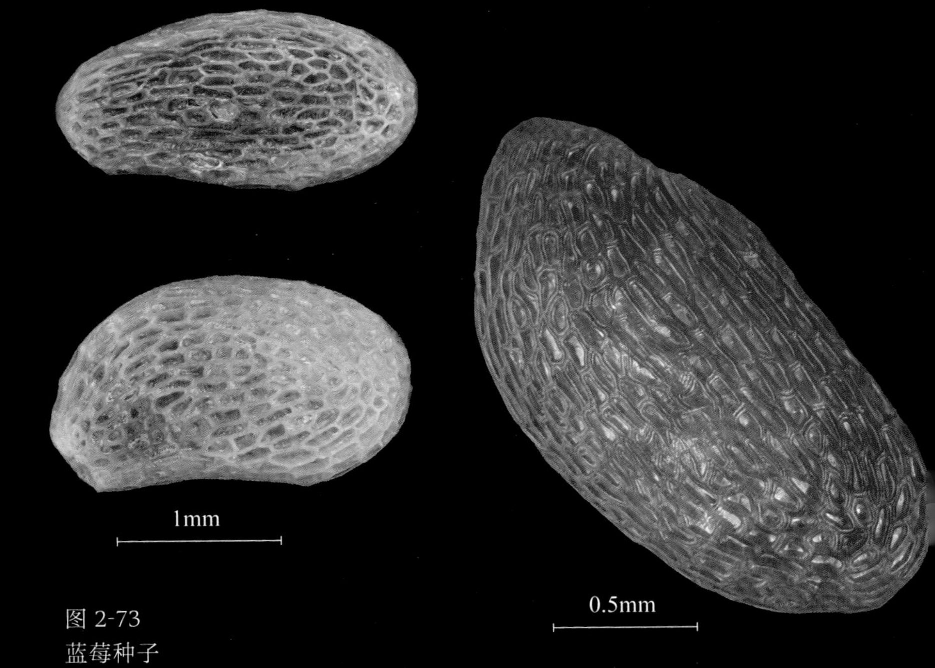

图 2-73
蓝莓种子

图 2-74
蓝莓花枝与果枝

8. 中华猕猴桃

Actinidia chinensis

细小而椭球形的种子，全身布满密密麻麻的鳞片（图 2-75）。这些鳞片与铠甲一样是用来自我保护的，是为了防止种子被动物或人的肠胃磨损消化而专门设计的。

中华猕猴桃，猕猴桃科落叶藤本。叶大；花初开时白色，后变橙黄色；果较大，有毛和斑点（图 2-76）。它的果实是大家都喜欢的水果，营养丰富，别名也多，如藤梨、阳桃、奇异果等。

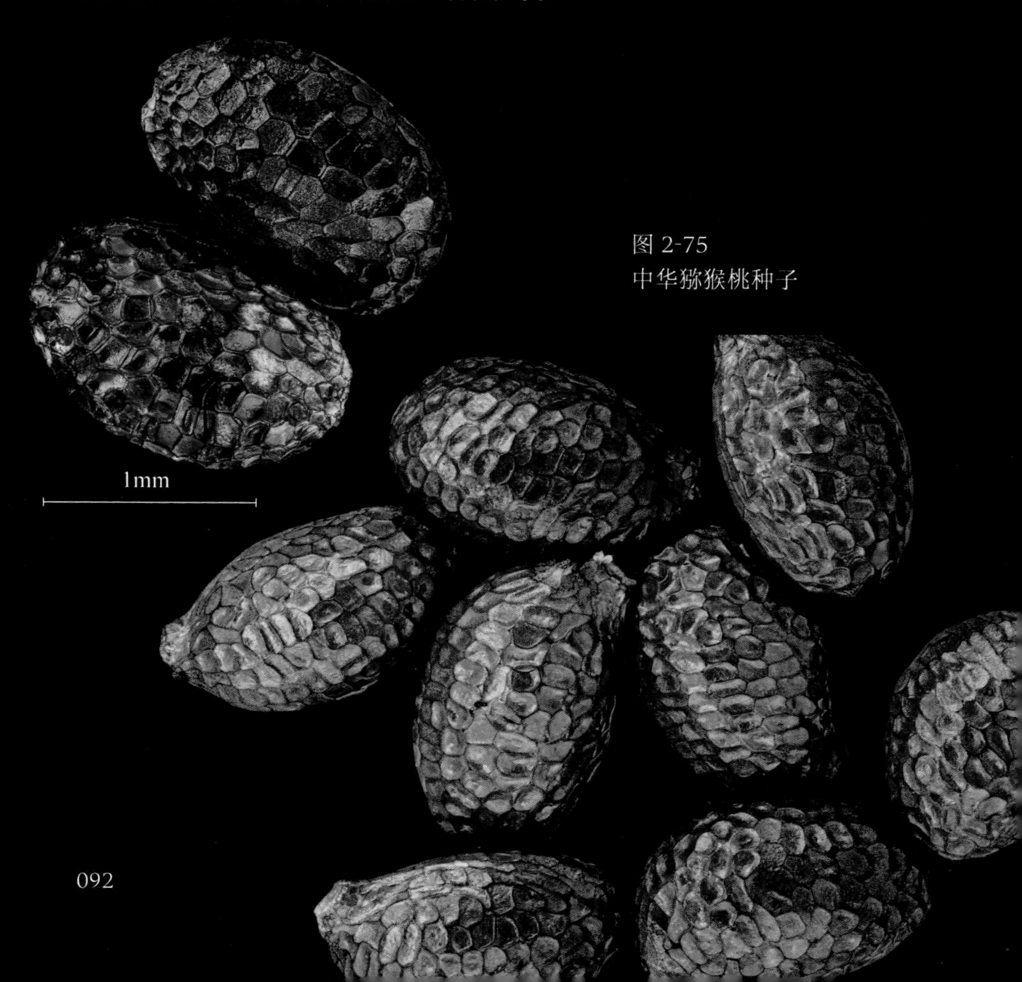

图 2-75
中华猕猴桃种子

图 2-76
中华猕猴桃植株与果实

猕猴桃属植物较多，通常都是人或动物喜欢食用的，因此它们的种子形状、结构也大体相近，都装饰有防磨鳞片。下面请欣赏几种同类植物的种子微形态（图 2-77 ~ 图 2-82）。

图 2-77
大籽猕猴桃（*Actinidia macrosperma*）种子与果实

图 2-78
对萼猕猴桃（*Actinidia valvata*）种子与果实

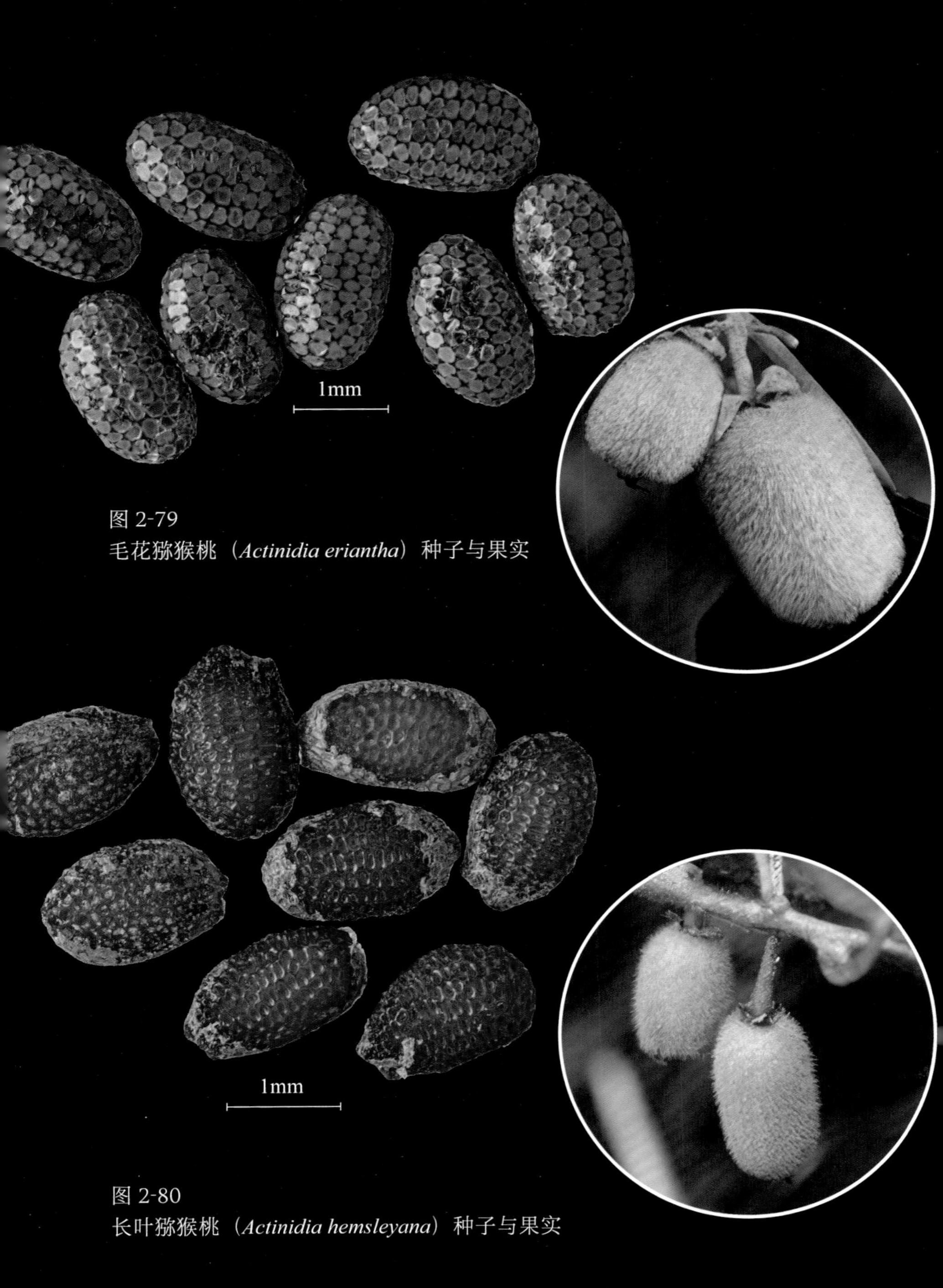

图 2-79
毛花猕猴桃（*Actinidia eriantha*）种子与果实

图 2-80
长叶猕猴桃（*Actinidia hemsleyana*）种子与果实

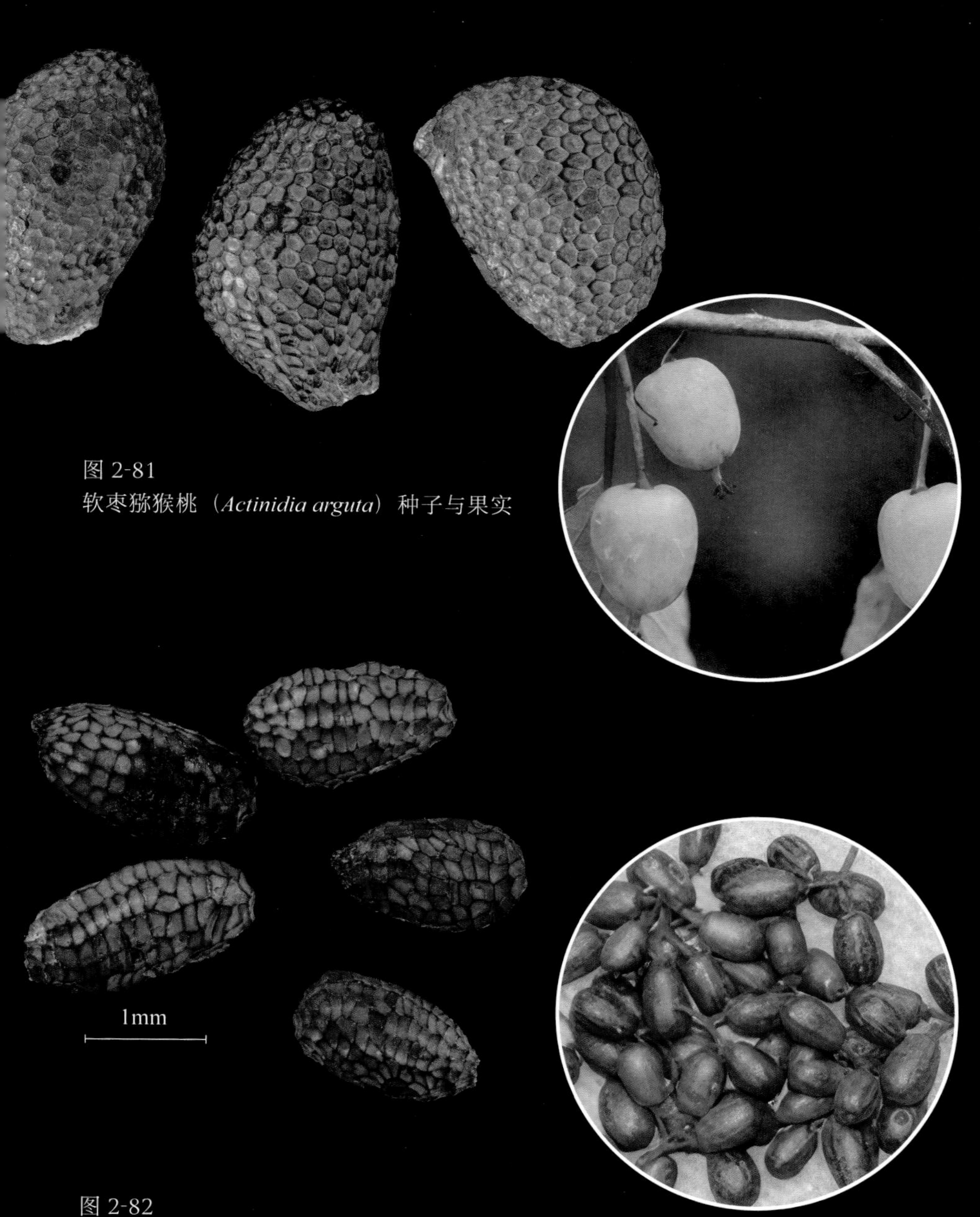

图 2-81
软枣猕猴桃（*Actinidia arguta*）种子与果实

图 2-82
小叶猕猴桃（*Actinidia lanceolata*）种子与果实

六、随播类

大多数植物并没有特定或主要的传播方式，任天安排，随遇而安。奉行的格言是“我是一棵小小草，哪里能活往哪跑”。其中有的种类可能是有某种特定传播方式的，但我们尚未观察到，故暂时归入此类中，如无心菜。

1. 头花蓼

Persicaria capitata

眼前的并不是樱桃辣椒的新品种，这紫黑色且具圆脊的其实是头花蓼的小坚果（图 2-83）。

头花蓼，蓼科多年生匍匐草本。叶片上面常有“V”形深色斑纹；头状花序，花粉红或紫红色，成片种植后，盛花时非常漂亮（图 2-84）。

图 2-83
头花蓼小坚果

图 2-84
头花蓼开花植株与花序

2. 羊蹄

Rumex japonicus

这是一种小坚果，呈红褐色，具 3 条纵棱。这小家伙其实挺爱“臭美”的，在头顶扎了 2 条小辫子，这在植物学上叫画笔状花柱（图 2-85）。不过据记载和观察，在幼果时头上是有 3 条辫子的，成熟后其中 1 条就停止发育了。

羊蹄，蓼科多年生草本。是极为常见的杂草。基生叶长圆形或披针状长圆形，基部圆或心形，边缘微波状；外花被片椭圆形，内花被片果时增大，宽心形，先端渐尖，基部心形，具不整齐小齿，具长卵形小瘤（图 2-86）。嫩叶有酸味，可以当野菜，具通便功效，所以不能多吃。

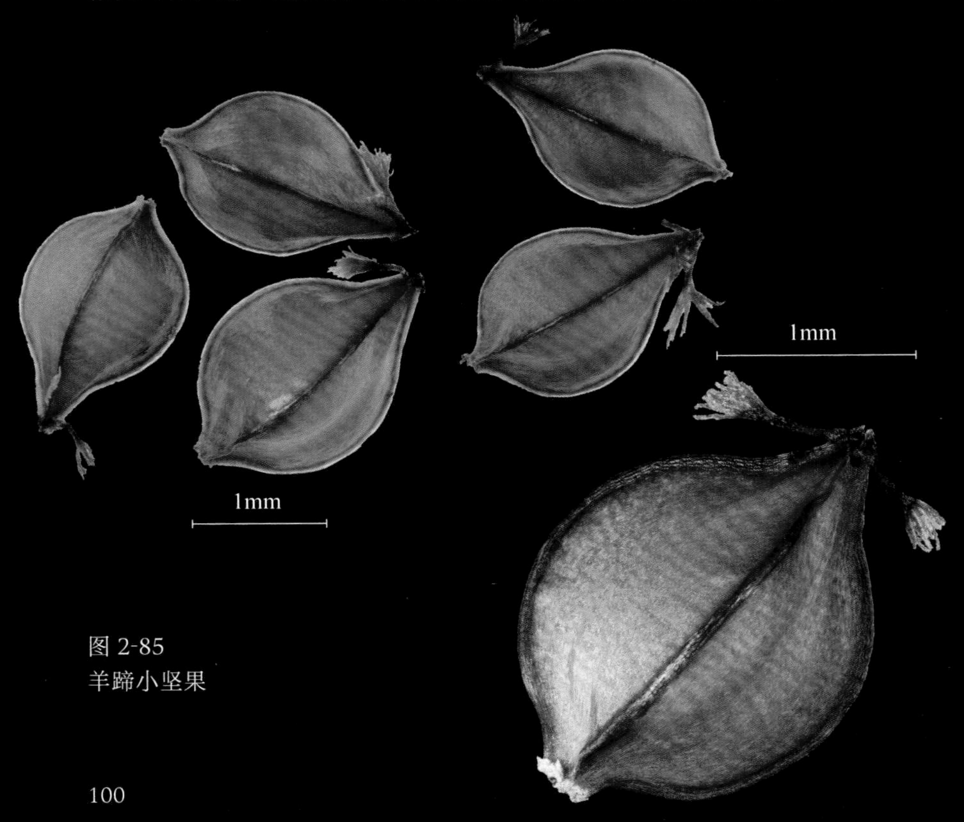

图 2-85
羊蹄小坚果

图 2-86
羊蹄植株与果序

3. 无心菜（蚤缀）

Arenaria serpyllifolia

肾形的种子，呈紫黑色或淡褐色，表面密布短条状突起，有的表面透着幽蓝的神秘的光泽（图 2-87）。至于蚤缀这名字的由来，版本较多，有个说法是，作为一种很难清除的小杂草，令人讨厌，故将它比喻成躲藏于草丛中的跳蚤；也有人认为是因为它的种子黑而小，形似跳蚤。

无心菜，石竹科一或二年生小草本。全株有毛；叶对生；花小，白色（图 2-88）；蒴果卵球形。

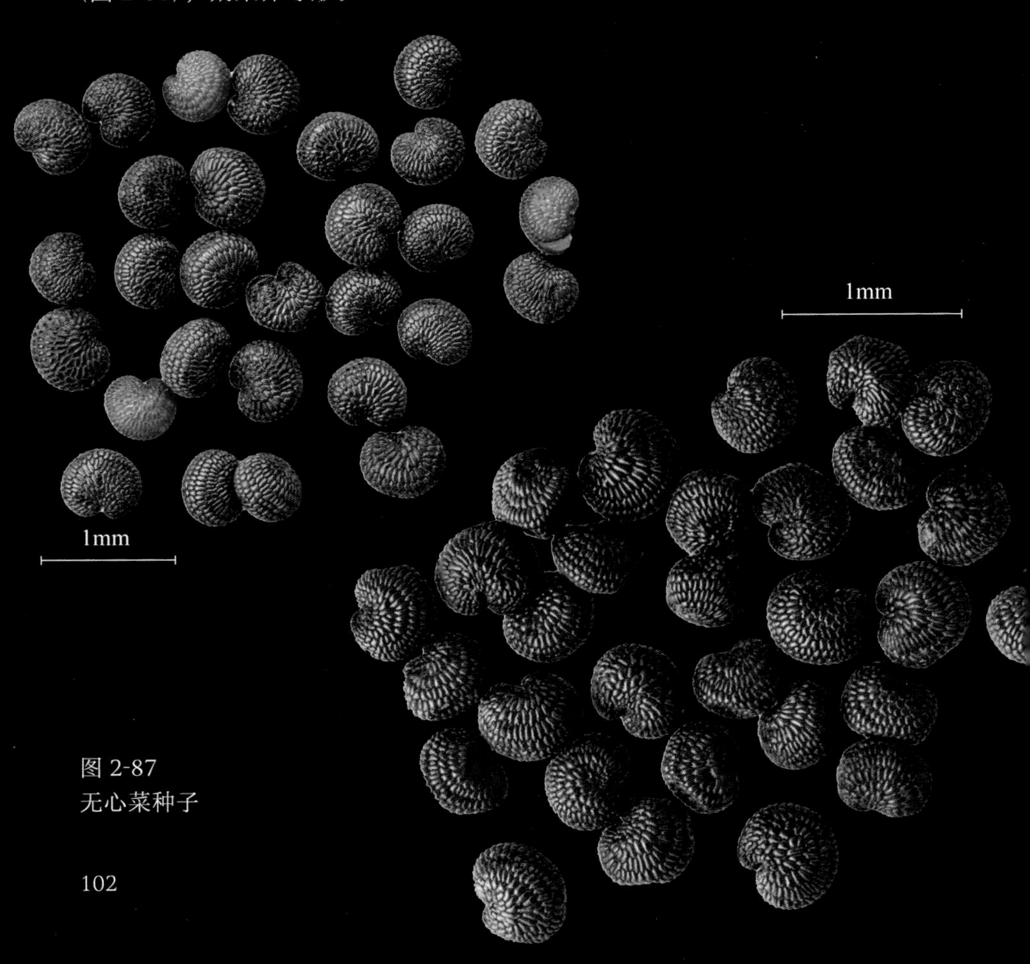

图 2-87
无心菜种子

图 2-88
无心菜植株与花

4. 孩儿参

Pseudostellaria heterophylla

黄褐色的种子浑身缀满圈状排列的星芒形突起，透着一股浓浓的“生人勿近”的气息（图 2-89）。

孩儿参，石竹科多年生草本。地下有人参状肉质块根；花白色或无花瓣（图 2-90）；蒴果。肉质块根可入药，有补肺阴、健脾胃等功效。此药性温，尤适于儿童服用，故名孩儿参。它还有个名字叫太子参，此名由来众说纷纭，其中一说是：春秋时，郑国国君之子幼时即天资聪慧，然体质娇弱，常染疾病，太医也束手无策，后得一白发老者献方，用此草之块根煎服，百日得愈。因此草救了太子，遂被命名为太子参。

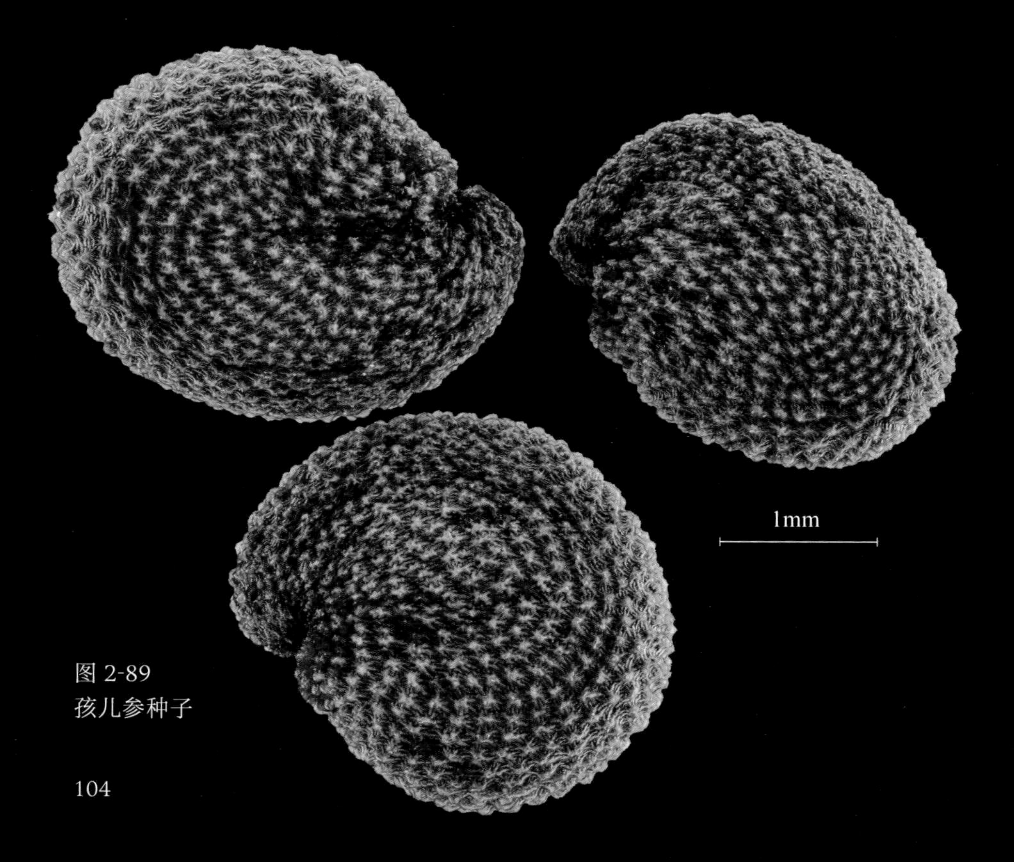

图 2-89
孩儿参种子

图 2-90
孩儿参开花植株与花

5. 蕨叶人字果

Dichocarpum dalzielii

棕红色的种子表面光洁饱满，像香甜的巧克力豆，但它们其实如沙粒般细小（图 2-91）。

蕨叶人字果，毛茛科多年生草本。因其叶片类似某些蕨类植物的叶子，2 枚蓇葖果斜上张开，有点像“人”字形，故名蕨叶人字果（图 2-92）。它生长在我国南方较高海拔的阴湿处，平时可不容易见到。

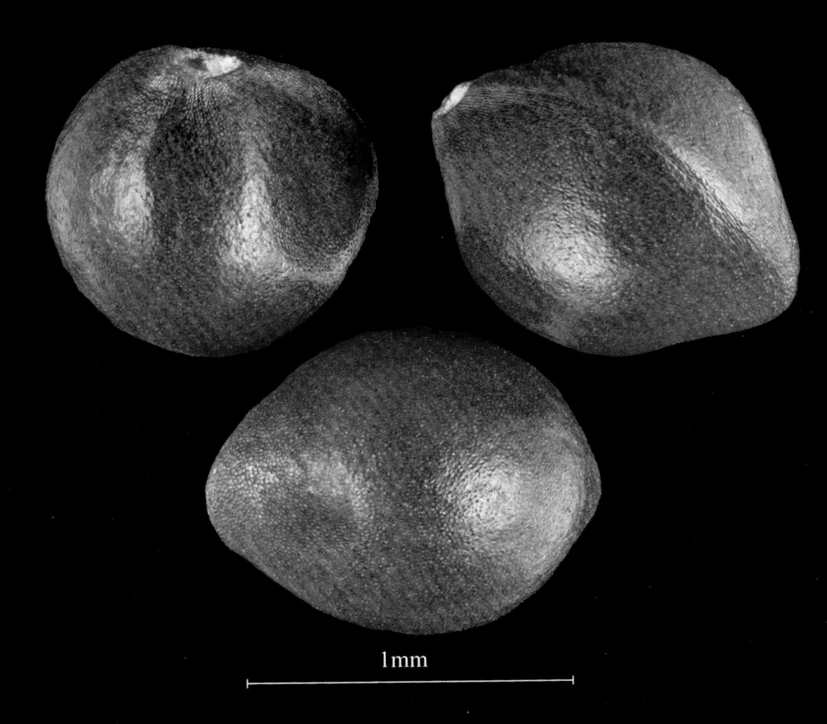

图 2-91
蕨叶人字果种子

图 2-92
蕨叶人字果叶、花与果

6. 北美独行菜

Lepidium virginicum

瓜子形的种子红棕色，粗看光滑，细看则密布微突起，边缘具狭翅，如同一圈半透明的镶边（图 2-93）。这种小“瓜子”长径甚至不到 2 毫米。

北美独行菜，十字花科一或二年生草本。茎具柱状腺毛。总状花序顶生；花小，花瓣 4，白色，雄蕊 2 或 4 枚；短角果近圆形，扁平，具狭翅，顶端微凹（图 2-94）。花期 4 ~ 5 月，果期 7 ~ 8 月。原产于美洲，我国各地多有归化，是常见杂草。

图 2-93
北美独行菜种子

图 2-94
北美独行菜群落与果实

7. 紫堇叶阴山荠

Yinshania fumarioides

这是一颗尚未成熟的果实，称为短角果，外面密生晶莹剔透的棒状毛，故也有人把紫堇叶阴山荠叫作棒毛荠。摄影师形容它是“美到自爆的水晶棒棒球”（图 2-95）。

紫堇叶阴山荠，十字花科一年生草本。短角果近圆形或卵圆形，扁平，具圆柱形泡状突起（图 2-96）。

图 2-95
紫堇叶阴山荠果实

图 2-96
紫堇叶阴山荠开花植株与果序

8. 荠菜

Capsella bursa-pastoris

荠菜饺子是我们餐桌上的“常客”，荠菜的果实和种子却鲜有人观察过。荠菜的果实也是短角果，倒心状三角形。种子是椭球形的，小得几乎肉眼看不清；它有一条细长的种柄，相当于人的脐带；种子放大后可见密密的突起，嫩时呈绿色，成熟后黄色，十分精致而漂亮（图 2-97）。

荠菜，十字花科一年生草本。总状花序，花极小，白色；叶形多变（图 2-98）。适当多吃荠菜有益健康，因为它有利尿、止血、清热、明目、消积等作用。

图 2-97
荠菜种子

图 2-98
荠菜植株与果实

9. 虎耳草状景天

Sedum drymarioides var. *saxifragiforme*

古铜色的种子长仅约 0.5 毫米，多呈椭球形，具 10 余列纵翅，每两列翅间均密生横向突起，仿佛一条天梯（图 2-99）。该植物通常生于岩壁下稍平坦的岩面上或碎石中，有时伴生有苔藓。推测其种子上长翅可进行短距离风播，更可能是希望仍在原地或附近生长，种子掉落后可用翅卡在苔藓或碎石间，避免被风或水带至悬崖下不宜生存之处。

虎耳草状景天，景天科一年生草本。基生叶莲座状，无毛；花序分枝较多，花白色；蓇葖果 5 枚，熟时叉开（图 2-100）。

图 2-99
虎耳草状景天种子

图 2-100
虎耳草状景天的基生叶与开花植株

10. 小连翘

Hypericum erectum

种子圆柱形，两头微尖，黑褐色表面密布蜂窝状纹理（图 2-101）。形状有点像玉米棒子，但“玉米粒”有点干瘪；也像花生果，但中间却少了几道缢痕。

小连翘，金丝桃科多年生草本。全株无毛；叶片基部心形抱茎，边缘密生黑色腺点，其余散生黑色腺点，但无透明腺点；花小，黄色（图 2-102）；蒴果圆锥形。

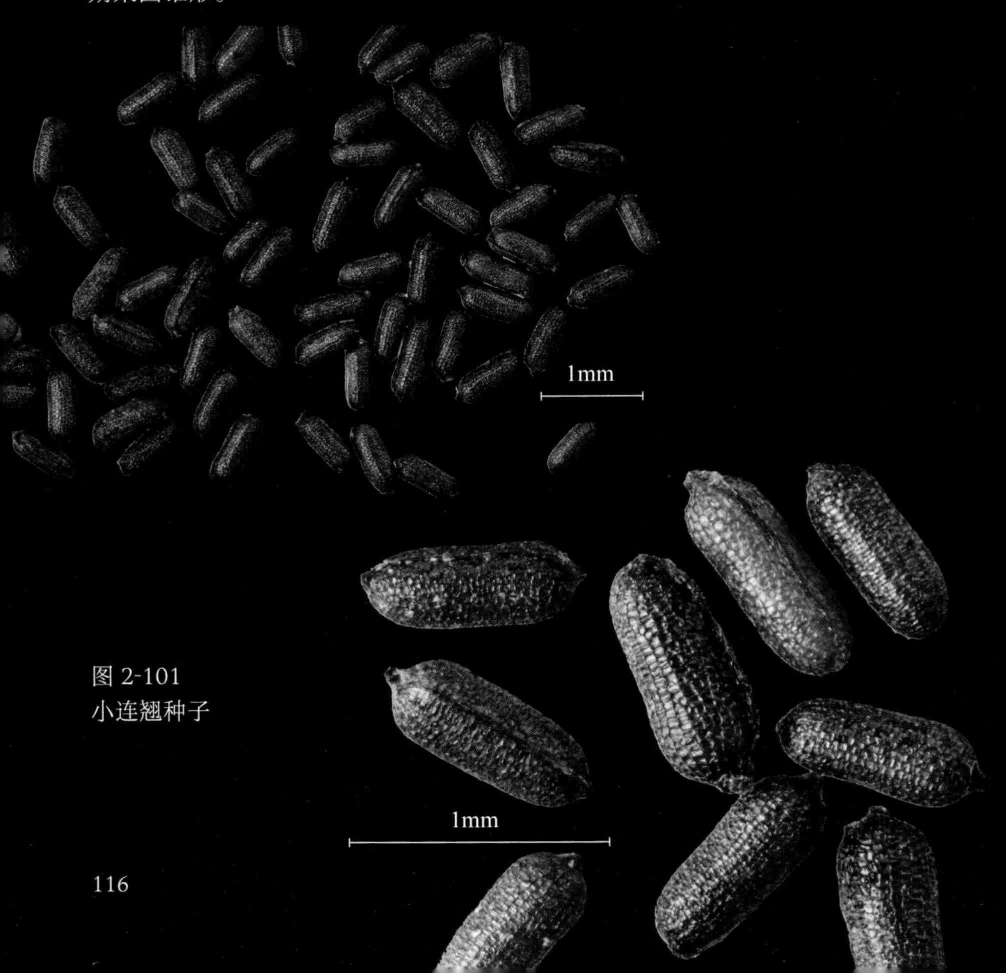

图 2-101
小连翘种子

图 2-102
小连翘叶片与花枝

11. 点腺过路黄

Lysimachia hemsleyana

种子类球形，表面有囊泡状突起，在光下反射出五彩斑斓的光芒，像一件精美绝伦的琉璃艺术品（图 2-103）。然而，这件“艺术品”直径仅有 0.5 毫米。

点腺过路黄，报春花科多年生草本。茎纤细匍匐，先端延伸成鞭状；叶对生；花黄色；蒴果（图 2-104）。

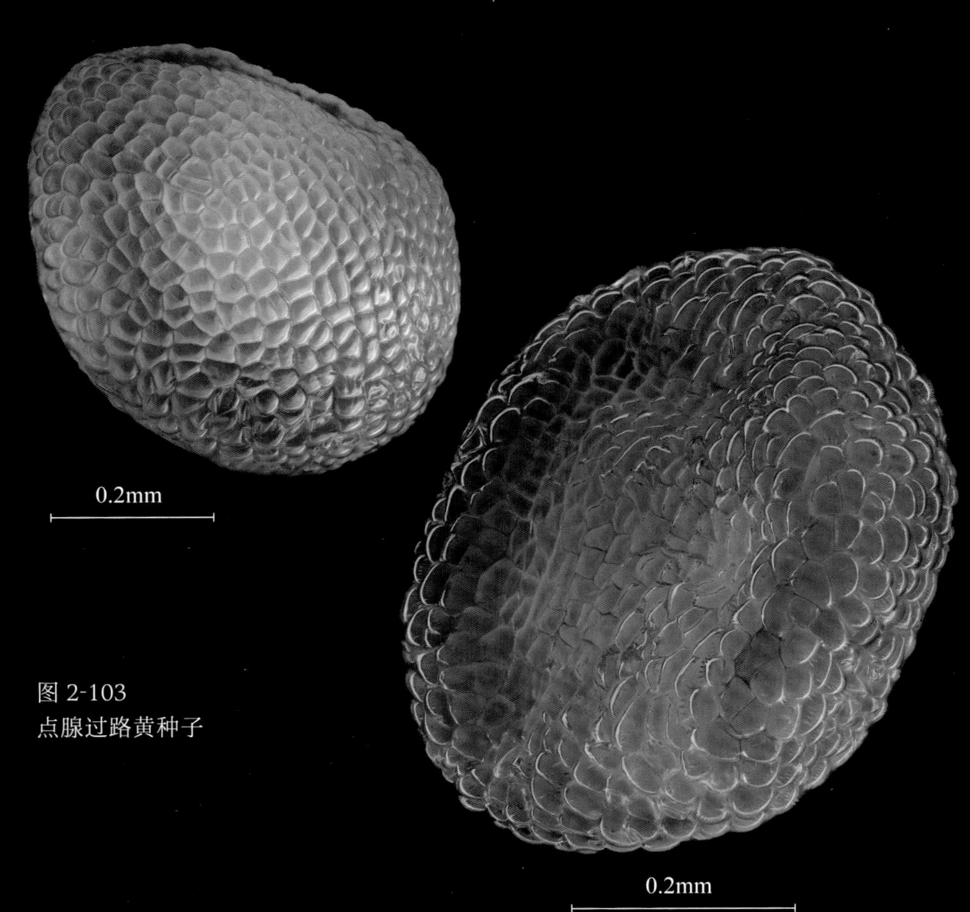

图 2-103
点腺过路黄种子

图 2-104
点腺过路黄植株与花枝

12. 琉璃繁缕

Anagallis arvensis

种子多数，挤在一个球形的特立中央胎座上。种子多呈半球形，顶端近平截，布满小圆突，乍一看像蜂巢。整个特立中央胎座嫩时绿色，极像一个足球形艺术品，美轮美奂；小圆突老时则呈形、色各不相同的突起，诡异而神秘（图 2-105）。

琉璃繁缕，报春花科一或二年生草本。茎与分枝四棱形；单叶对生，全缘，下面散生褐色腺点；花蓝色或橘红色（图 2-106）；蒴果球形，果皮分成上下两部分，成熟时上半部分如同锅盖掀开并脱落，种子纷纷散出而自谋生路。

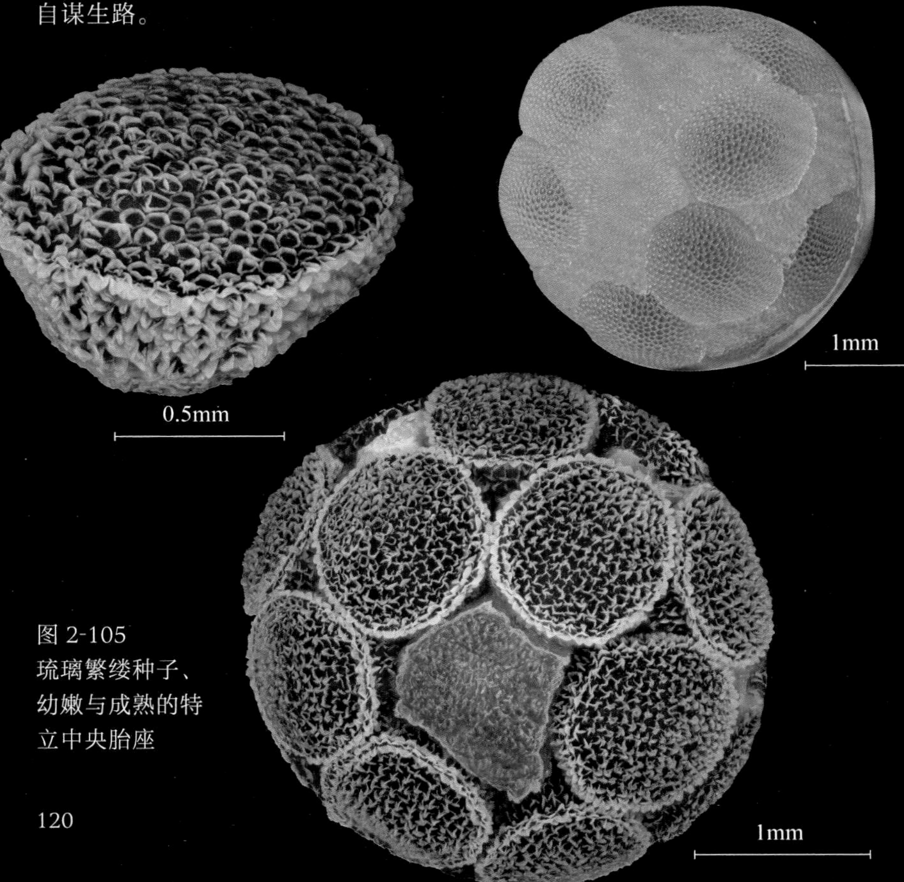

图 2-105
琉璃繁缕种子、幼嫩与成熟的特立中央胎座

图 2-106
琉璃繁缕的蓝花和橘红花

13. 盾果草

Thyrocarpus sampsonii

盾果草每朵花中结有 4 枚稍扁的小坚果。小坚果下部长有稀疏的小疙瘩，顶部内凹，具 2 层突起，内层近全缘，外层则像 1 轮排列整齐的梳齿（图 2-107）。

盾果草，紫草科多年生草本。基生叶丛生，匙形；茎生叶较小，窄长圆形或倒披针形，无柄；聚伞花序，花冠淡蓝或白色（图 2-108）。小坚果的开口位于顶部。它是山区相当常见的植物。

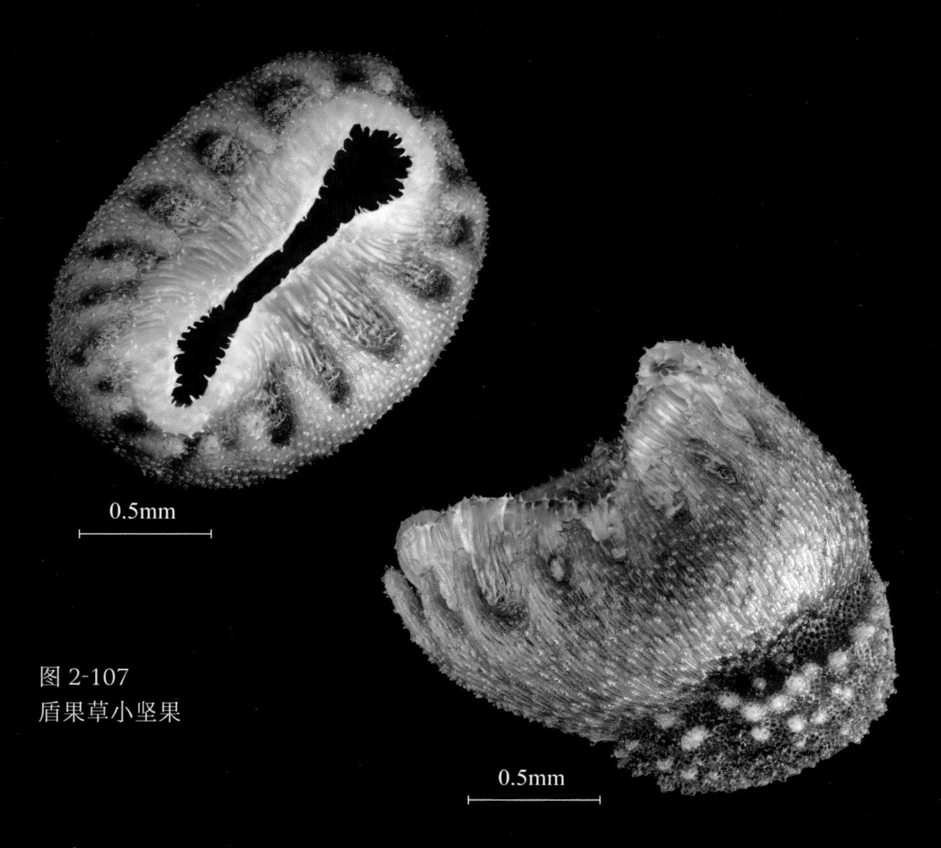

图 2-107
盾果草小坚果

图 2-108
盾果草花枝与果枝

14. 柔弱斑种草

Bothriospermum zeylanicum

柔弱斑种草的一朵花可结 4 枚肾形小坚果。小坚果造型奇特，浑身长满小瘤突，在腹面长了个猪笼草笼口一样的结构，连那整齐圆润的唇肋和内侧那朝下的唇齿都长得十分相似（图 2-109）。

柔弱斑种草，紫草科一年生草本。叶椭圆形或窄椭圆形，先端钝，具小尖头，基部宽楔形；聚伞总状花序，花冠蓝或淡蓝色（图 2-110）。与盾果草不同的是，小坚果的开口位于腹面。是极不起眼的小杂草，到处可见它的身影。

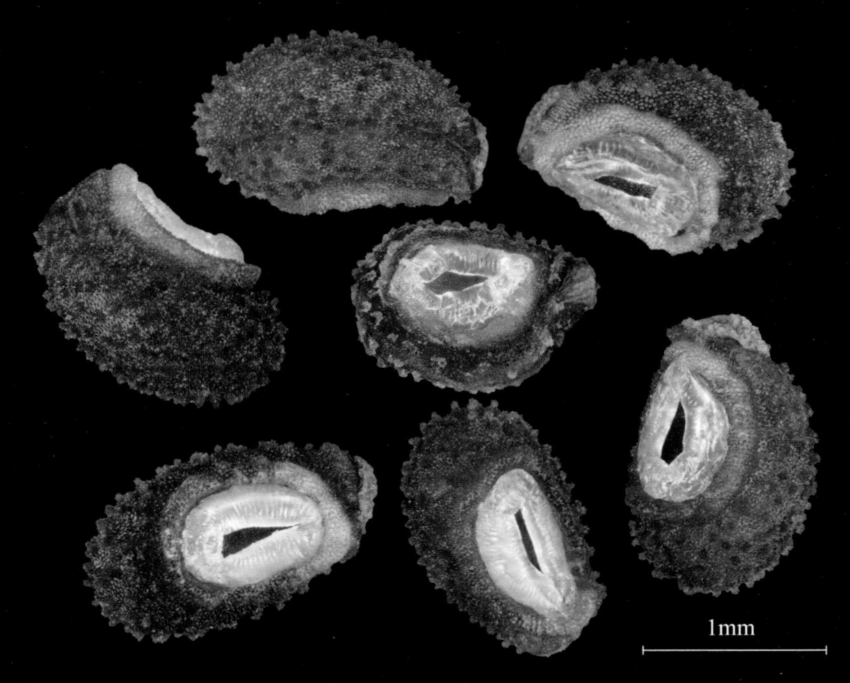

图 2-109
柔弱斑种草小坚果

图 2-110
柔弱斑种草植株、花与小坚果

15. 细叶美女樱

Glandularia tenera

种子外形十分古怪，像一根根被纵向劈开的筒骨，看不出有生命的迹象。更为怪异的是漆黑的外表如同青筋暴突，里面的“骨髓”则是由大量白色或淡黄色的乳头状和条状突起组成（图 2-111）。难以置信，这般奇怪的种子竟能孕育出那么美丽的花朵！

细叶美女樱，马鞭草科多年生草本。穗状花序顶生，多数小花密集排列其上，花冠筒状，花色丰富，有白、粉红、玫瑰红、大红、紫、蓝等色，花繁色艳（图 2-112）。它原产南美，现为世界各地广泛栽培的花卉品种。

图 2-111
细叶美女樱种子

图 2-112
细叶美女樱全株与花序

16. 夏枯草

Prunella vulgaris

这是夏枯草的 4 枚小坚果，就像四胞胎，幼嫩时翠绿的果皮微微泛着红晕，美得让人窒息；成熟后特别像大师用红木雕刻成的串珠，有 4 条宽平纵棱，颜色和光泽丝滑而迷幻，仿佛包浆过似的。种子基部白色三角形是它的种阜（图 2-113）。

夏枯草，唇形科多年生草本，因其入夏后，地上部分通常会枯萎，故被称为夏枯草（图 2-114）。全草可入药，叶子也可当茶饮。

图 2-113
夏枯草未熟与成熟小坚果

图 2-114
夏枯草开花植株与花序

17. 天目地黄

Rehmannia chingii

种子卵形至长卵形，具网眼。网眼有序排列着，形状如同蜂房的房孔。种子未成熟时呈黄绿色，成熟后呈深棕色（图 2-115）。

天目地黄，列当科多年生草本。花朵硕大，紫红色，内面喉部黄色，有紫斑，姿色艳丽，是一种极美的野花（图 2-116）。

图 2-115
天目地黄种子

图 2-116
天目地黄开花植株与花

18. 蚊母草

Veronica peregrina

蚊母草的种子浅金黄色，长条状。种翅米黄色，薄如蝉翼，在光下呈现出琉璃般的光彩（图 2-117）。

蚊母草，车前科一至二年生草本。一种极不起眼却又很常见的杂草。因其果实常被某种蚜虫所寄生而膨大，成了虫儿的住房，植物学上称其为虫瘿。在过去人们不了解这个情况，误以为里面住着蚊子的幼虫，故称其为蚊母草；正常的果实呈倒心形（图 2-118）。另外，带虫瘿的全草可入药，具有活血、止血、消炎、止痛等功效。

图 2-117
蚊母草种子

图 2-118
蚊母草全株与虫瘿

19. 加拿大柳蓝花

Nuttallanthus canadensis

种子长梯形，较厚，通体密布各种形状的低平突起，放大后可见每个突起上还有更微小的突起。外形很像出土文物——旧石器时代的石斧（图 2-119）。由于种子比重较大，遇水会马上沉没，故种子落地比较集中，第二年常密集生长。

加拿大柳蓝花，车前科二或多年生草本。全体无毛，叶片细长，兼有对生、轮生及互生；花蓝色或紫色，二唇形，下唇上有 2 个泡状突起，距细长；蒴果球形（图 2-120）。原产于北美，我国多地有归化。

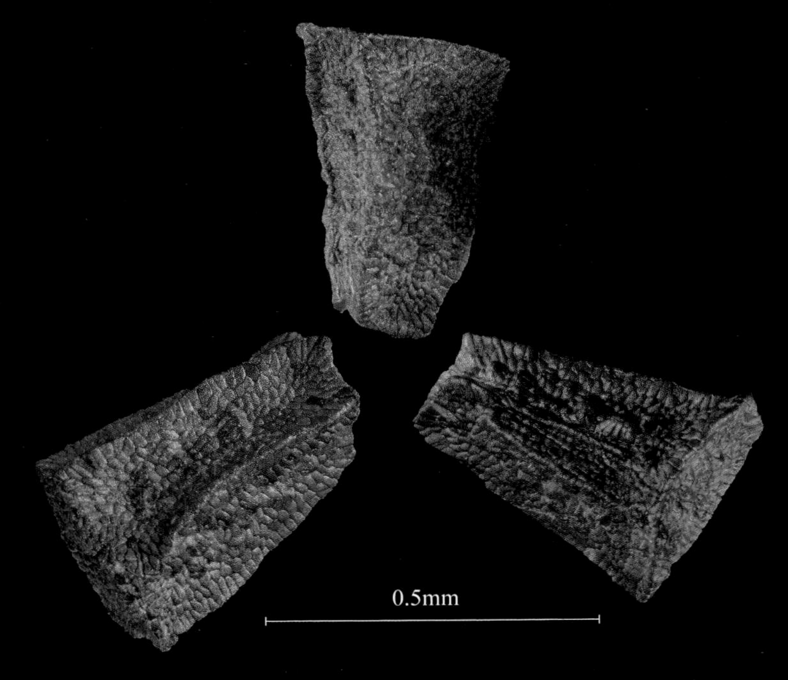

图 2-119
加拿大柳蓝花种子

图 2-120
加拿大柳蓝花植株与花序

20. 蓝花参

Wahlenbergia marginata

极其细微的种子在显微镜下呈椭球形，古铜色，布满纹理，极像人的指纹，像在向我们暗示着它的生命密码（图 2-121）。

蓝花参，桔梗科多年生草本。植物体具乳汁。花冠小，钟形，5 深裂，蓝紫色（图 2-122）。它是我国南方常见植物。

图 2-121
蓝花参种子

图 2-122
蓝花参植株与花

21. 穿叶异檐花

Triodanis perfoliata

棕褐色的种子极细小，卵状椭球形，微扁，乍一看圆润丝滑，放大看则布满指纹状纹理。蒴果近圆柱形，具细纵棱，上端隐藏着 2 扇椭圆形小窗，未成熟时“窗帘”紧闭；成熟后一有风吹草动则窗帘立刻席状上卷而打开窗口，随着风儿吹过，纤弱的植株左右晃动，种子们就会争先恐后地从窗口鱼贯蹿出（图 2-123）。

穿叶异檐花，桔梗科一年生直立草本。互生叶片卵形至椭圆形；开着蓝色或蓝紫色小花（图 2-124）。原产于北美洲，我国多地有归化，常见于田边荒地、公园街角或路边草丛中。

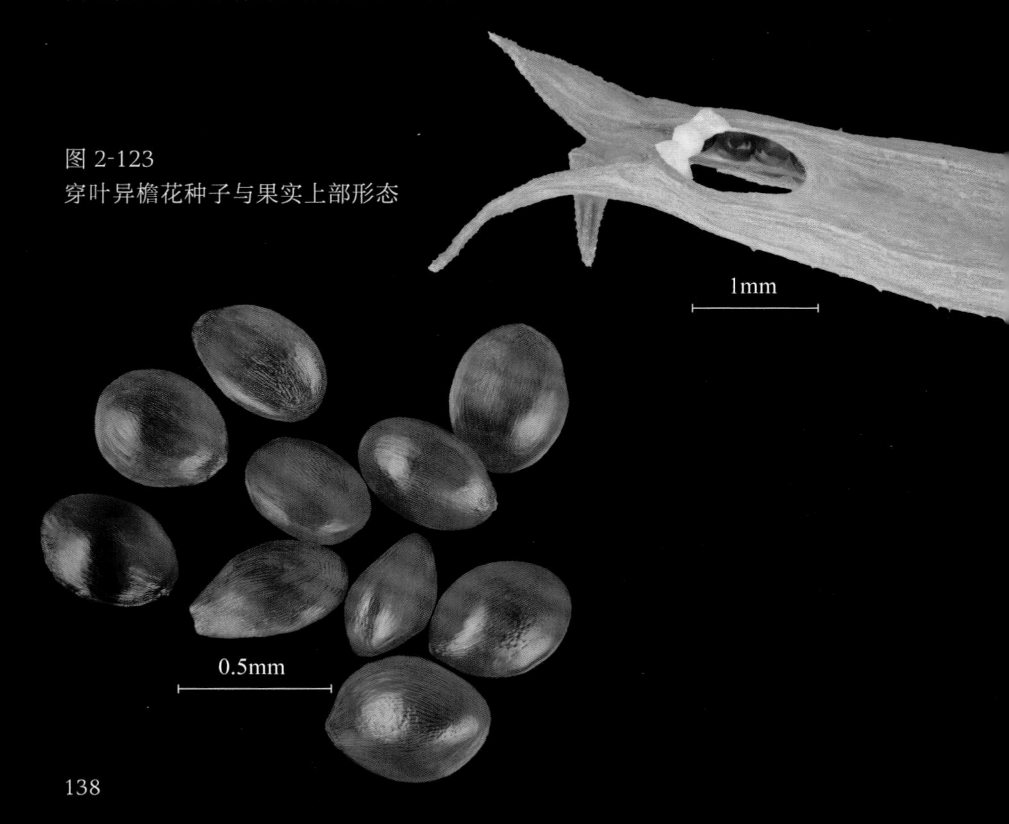

图 2-123
穿叶异檐花种子与果实上部形态

图 2-124
穿叶异檐花果枝与花

22. 小金梅草

Hypoxis aurea

一颗小小的种子竟然可以如此精致！种子金棕色，全身布满乳突，乳突上还长有神秘的突起纹理，既像露兜树的果序，也像木菠萝的聚花果（图 2-125）。这果真是自然造化，鬼斧神工。

小金梅草，仙茅科多年生草本。全体疏生长柔毛；根状茎肉质；叶片狭长；花黄色，无花被筒；蒴果熟时瓣裂（图 2-126）。

图 2-125
小金梅草种子

图 2-126
小金梅草植株与花

23. 短柄肺筋草

Aletris scopulorum

种子瓜子状，长仅约 0.5 毫米。种子玉色，表面的纹理不规则，很像古代帝王或高级贵族死后穿的金缕玉衣（图 2-127）。

短柄肺筋草，沼金花科多年生草本。叶片长条形，数枚基生；花葶细长，生有白色小花 4 ~ 10 朵，花梗极短；蒴果坛状球形，被柔毛（图 2-128）。

图 2-127
短柄肺筋草种子

图 2-128
短柄肺筋草植株与花

参考文献

[1] 中国科学院植物研究所 . 杂草种子图说 [M]. 北京：科学出版社，1980.

[2] 多田多惠子 . 种子图鉴 [M]. 李家祺，译 . 海口：南海出版公司，2019.

[3] 浙江植物志（新编）编辑委员会 . 浙江植物志（新编）[M]. 浙江：浙江科学技术出版社，2021.

[4] 马炜梁，寿海洋 . 植物的“智慧”[M]. 北京：北京大学出版社，2021.

[5] 周良云，杨光，丁锤 . 中药材种子原色图谱（华南卷）[M]. 北京：中国医药科技出版社，2021.

[6] 小林智洋，山东智纪 . 世界上不可思议的果实种子图鉴 [M]. 雷韬，译 . 北京：化学工业出版社，2022.

[7] 马骥，李新荣，张景光，等 . 我国种子微形态结构研究进展 [J]. 浙江师范大学学报（自然科学版），2005，28(2)：121-127.